# A ÚLTIMA
# GOTA

VANESSA BARBOSA

# A ÚLTIMA GOTA

ÁGUA DESPERDIÇADA DESCASO DOS POLÍTICOS GUERRA POR RECURSOS HÍDRICOS ESCASSEZ CONTAMINAÇÃO RACIONAMENTO SUCESSÃO DE ERROS O MUNDO SEM ÁGUA QUALIDADE DA ÁGUA

Planeta

*Revisão:* Tânia Cotrim e Gabriela Ghetti
*Capa:* Compañía
*Projeto e diagramação:* Thiago Sousa | all4type.com.br

CIP-BRASIL. CATALOGAÇÃO NA PUBLICAÇÃO
SINDICATO NACIONAL DOS EDITORES DE LIVROS, RJ

B213u Barbosa, Vanessa
A última gota / Vanessa Barbosa. - 1. ed. - São Paulo : Planeta, 2014.

ISBN 978-85-422-0447-6

1. Água. 2. Recursos hídricos - Brasil. I. Título.

14-16978 CDD: 551.48
CDU: 556.18

2014

Editora Planeta do Brasil Ltda.
Rua Padre João Manoel, 100 – 21º andar – conj. 2101/2102
Edifício Horsa II - Cerqueira César
01411-901 – São Paulo-SP
www.editoraplaneta.com.br
atendimento@editoraplaneta.com.br

# AGRADECIMENTOS


À Sandra, por ser minha nascente.
À Fernanda, por ser meu leito.
Aos meus avós Ângela e Leonel e aos meus tios,
por serem meus afluentes.
Ao Eduardo, por ser o oceano no fim do meu caminho.
Ao Marcos, meu editor, por remar contra a maré e me levar junto.

E a todos os pesquisadores, estudiosos e pessoas que, bravamente,
expõem os problemas do presente e desbravam caminhos
para melhorar o futuro.

# SUMÁRIO

# INTRODUÇÃO

O maior problema do homem é a água. E o maior problema da água é o Homem. A ironia é que só nos damos conta disso quando atingimos o fundo do poço: a fonte acaba e o homem padece. Quem tem culpa se vivemos uma ilusão? Até que a realidade se impõe. O drama provocado pela estiagem histórica em São Paulo nos impele a erguer as mãos bem alto — não para rezar para São Pedro, nada disso — e levantar o véu para enxergar a crise silenciosa que a água, em sua transparência e generosidade, não nos conta.

A crise paulista tem uma origem comum a outras mazelas estruturais bem conhecidas dos brasileiros: a inoperância do poder público. Capacidade de planejamento? Prevenção? Transparência? Na gestão da água, os princípios da governança hídrica parecem ter evaporado, como os níveis das represas.

O livro a *A Última Gota* é um convite para conhecer as muitas vidas secretas do recurso mais precioso do planeta, marcado por abusos, descuidos e interesses conflitantes. Hoje, somos sete bilhões de pessoas, consumindo e bebendo da mesma fonte. Em 2050, seremos quase dez bilhões pressionando um recurso que é finito.

Imagine que toda a água do mundo cabe dentro de um copo, divida-o em cem frações, visualize apenas uma e ignore o restante. Menos de 1% é o volume de água doce encontrado de maneira acessível no planeta, na forma de rios e lagos. Como garantir, então, água em qualidade e quantidade suficiente para as gerações presentes e futuras?

A resposta é uma só: cuidando muito bem dela. Mais que uma necessidade, é um dever, que se impõe a cada pessoa, homem ou mulher, cada empresa, grande ou pequena, a cada governo, do local ao nacional. Não é um desafio fácil, é verdade. Principalmente porque nossa capacidade de degradação da água avança numa progressão aritmética, enquanto as soluções surgem numa progressão geométrica.

Em pleno século 21, uma em cada 10 pessoas no mundo ainda não tem acesso à água potável (é quase o dobro da população dos Estados Unidos). Outras 2,5 bilhões sequer possuem redes de esgoto em casa. A falta de saneamento fragiliza a saúde e fere o próprio direito à vida. Quando o leitor chegar a esta linha introdutória, pelo menos uma criança no mundo terá morrido por problemas de saúde relacionados à ausência de serviços básicos (é uma vida infantil que se perde a cada 20 segundos).

Alimentar um planeta em crescimento exige quantidades absurdamente grandes de água. Se por dia uma pessoa bebe de 2 a 4 litros de água, incluindo a contida em sucos, refrigerantes e outras bebidas, no mesmo período, consome de 2.000 a 5.000 litros de água na forma de alimentos. Ainda assim, desperdiçamos um terço dos alimentos que produzimos. É água e dinheiro jogados no lixo. Um desperdício imperdoável. Centenas de milhares de toneladas de fertilizantes e defensivos agrícolas são aplicados nas lavouras e atingem lenções freáticos e cursos d'água.

Os efeitos da poluição indústrial no meio ambiente e nos aquíferos estão cada vez mais evidentes. Atualmente, mais de metade das águas subterrâneas da China – a locomotiva asiática – estão poluídas. A crescente demanda, a deterioração da qualidade e disponibilidade geram desafios para as empresas e investidores em todo o mundo que tradicionalmente tomam como garantido o acesso à água limpa, confiável e de baixo custo.

Todos os anos, milhares de substâncias químicas entram no mercado incorporadas em novos produtos e formam um coquetel expelido

| 25º Paraná<br>Participação na produção nacional de água: 5,53%<br>Média de perdas de faturamento: 19,65%<br>Receita operacional direta de água (R$ mil/ano): 1.076.484<br>Aumento na receita se reduzir em 10% as perdas (R$ mil/ano): 28.765 |
|---|
| 26º Mato Grosso do Sul<br>Participação na produção nacional de água: 1,41%<br>Média de perdas de faturamento: 19,65%<br>Receita operacional direta de água (R$ mil/ano): 333.433<br>Aumento na receita se reduzir em 10% as perdas (R$ mil/ano): 8.155 |

*Fonte:* Trata Brasil

## Ganhos e oportunidades

As deficiências no setor de saneamento básico implicam prejuízos à qualidade de vida e à economia. A má gestão dos recursos hídricos traduz-se em poluição e na redução da oferta de água limpa e segura, que, além de comprometer a saúde da população, afeta a produção de alimentos, as indústrias e a geração de energia elétrica, assim como o turismo, entre outros setores econômicos.

Para desatar o nó do saneamento e superar os desafios que impedem o país de avançar, a universalização da água tratada e dos esgotos deve ser abordada como prioridade de política pública, o que demanda cooperação entre todos os agentes envolvidos no planejamento, na regulação dos serviços prestados, na fiscalização dos responsáveis e na geração de conhecimento. É uma mudança que convoca à ação o governo federal, município e estado, empresas, academia e principalmente a população que, no exercício diário da cidadania, tem o direito de participar da política, influenciar e cobrar por uma correta gestão.

Sim, o desafio é grande. Mas os benefícios que a universalização promove são colossais. Em outra investida, o Instituto Trata Brasil em parceria com o CEBDS (Conselho Empresarial Brasileiro para o Desenvolvimento Sustentável) realizou o estudo *Benefícios Econômicos da*

*Expansão do Saneamento Brasileiro*, que avalia as oportunidades de ganhos gerados pela escolha de tornar o saneamento uma prioridade de política pública. Destacamos a seguir alguns pontos surpreendentes:

- Em 2013, foram notificadas mais de 340 mil internações por infecções gastrintestinais em todo o país. Se 100% da população tivesse acesso à coleta de esgoto, haveria uma redução, em termos absolutos, de 74,6 mil internações, sendo que 56% dessa redução ocorreria no Nordeste.

- Em 2013, 2.135 morreram no hospital por causa das infecções gastrintestinais. Se todos tivessem saneamento básico, haveria redução de 15,5%, cerca de 329 mortes.

- Em 2013, o custo de uma internação por infecção gastrintestinal no Sistema Único de Saúde (SUS) foi de cerca de R$ 355,71 por paciente na média nacional. Isso acarretou despesas públicas de R$ 121 milhões no ano. A universalização traria uma economia anual de R$ 27,3 milhões.

- A universalização dos serviços de água e esgoto possibilitaria uma redução de 23% nos afastamentos ao trabalho, algo em torno de 196 mil dias a menos. Isso implicaria uma redução de custo de R$ 258 milhões por ano.

- Trabalhadores sem acesso à coleta de esgoto ganham salários, em média, 10,1% inferiores aos daqueles que moram em locais com coleta de esgoto. A falta de acesso à água tratada impõe uma perda média de 4,0% na remuneração do trabalho.

- A renda média do trabalho no Brasil em 2012 foi de aproximadamente R$ 1.432. A universalização do esgoto e da água tratada traria um incremento superior a R$ 88 por mês na média dos trabalhadores, ou seja, uma elevação de 6,1%.

- Estudantes sem acesso à coleta de esgoto têm atraso maior do que aqueles atendidos pelo serviço. A universalização do acesso traria uma redução de 6,8% em seu atraso escolar, com efeitos na escolaridade média do trabalhador brasileiro, sua produtividade e renda.

## Megacidades trazem megadesafios

Somos seres cada vez mais urbanos. Hoje, 54% da população mundial vive em cidades, proporção que deverá aumentar para 66% até 2050. É um crescimento impressionante. Em 1950, apenas 746 milhões viviam em cidades. Em 2014, a conta chega a 3,9 bilhões. Os dados retirados do relatório *O Estado das Cidades do Mundo 2012/2013* da UN-Habitat, o braço de habitação da ONU, mostram que a urbanização acelerada combinada com o crescimento global da população pode adicionar mais 2,5 bilhões de pessoas às cidades até 2050. Cerca de 90% desse aumento tende a se concentrar na Ásia e na África.

Os vilarejos de ontem viraram as megacidades de hoje, que possuem 10 milhões de habitantes ou mais. Em 1990, havia dez cidades desse porte, que eram o lar de 153 milhões de pessoas, ou um pouco menos de 7% da população urbana mundial da época. Agora, são 28 megacidades no mundo, lar de 453 milhões de pessoas, ou cerca de 12% da população urbana do mundo (UN-Habitat).

Dezesseis delas estão localizadas na Ásia, quatro na América Latina, três na África e três na Europa, e duas na América do Norte. Tóquio é a maior conurbação do mundo, com 38 milhões de habitantes, seguida de Delhi com 25 milhões e Xangai, com 23 milhões. Para 2030, a ONU projeta que o mundo terá 41 megacidades.

As grandes cidades vão enfrentar inúmeros desafios para atender às necessidades de suas populações, incluindo o acesso à habitação, infraestrutura de qualidade, transportes, energia e emprego, bem como para serviços básicos, como educação e saúde. Mas já não são esses os desafios das megacidades do presente? Pois é, os desafios do futuro são os problemas de hoje magnificados. Mas as cidades também são lugares em que as perspectivas de prosperidade e bem-estar podem ser amplificadas. As cidades também representam um fórum público em que planos e políticas podem ser discutidos e contestados em prol de uma sociedade mais próspera.

Porém, o que se vê em muitas cidades, tanto em países desenvolvidos quanto em países em desenvolvimento é a convergência do atual padrão de urbanização para um mesmo modelo, baseado na expansão "desordenada" da periferia, que reflete e aprofunda a segregação socioespacial, na falta de mobilidade urbana, em serviços básicos precários e na degradação do meio ambiente. É um ciclo sem fim de problemas que se retroalimentam e comprometem a qualidade de vida e a prosperidade das sociedades.

Um dos resultados mais claros desse incremento é o aumento das pressões sobre os recursos naturais, incluindo a água. O crescimento desgovernado das cidades é acompanhado de desmatamento de áreas importantes, que comprometem a oferta de água em qualidade e quantidade. Nesse contexto, a crise hídrica de São Paulo constitui um mosaico dos desafios da gestão dos recursos hídricos nas megacidades.

# TORNEIRA SECA? A CRÔNICA PAULISTA DE UMA CRISE ANUNCIADA

A Região Metropolitana de São Paulo é a maior do país e uma das 20 maiores do mundo. Em 2010, ano do mais recente levantamento demográfico, as 39 cidades da região metropolitana somavam uma multidão de quase 20 milhões de pessoas, superior à população de um país como o Chile. Apenas a cidade de São Paulo, no Censo 2010, tinha cerca de 11,3 milhões de habitantes (tem mais gente na capital paulista do que em toda a Grécia ou todo Portugal!).

Nas últimas décadas, a Grande São Paulo tem crescido a passos largos. Entre 1980 e 2010, sua população aumentou 58%, bem acima do crescimento registrado na capital, que foi de 37%. A tendência é comum nas grandes cidades do mundo, que, após um período de "inchamento" das regiões centrais, testemunham a expansão das áreas mais marginais.

Do ponto de vista social, a expansão urbana gera maior segregação de acordo com a renda. Os mais pobres vivem mais longe de serviços essenciais do que aqueles com mais dinheiro. Por conseguinte, a chamada periferização ajuda a exacerbar as desigualdades. Sob uma ótica social, trata-se de um ciclo perverso. Sob uma ótica econômica, representa um contrassenso, no mínimo. A expansão urbana desordenada rumo às margens das cidades é, basicamente, uma forma muito onerosa do desenvolvimento urbano.

Morar distante da área de trabalho, dos centros de lazer e serviço, comércio e educação implica aumentos significativos dos gastos das famílias com transporte (público ou particular) e perda de tempo precioso entre os deslocamentos por vias cada vez mais abarrotadas de carros em detrimento de transportes coletivos mais eficientes. E todo mundo paga um pouco essa conta.

Segundo um estudo do Instituto Akatu divulgado no começo do ano, as perdas com transporte coletivo insatisfatório nas nove maiores regiões metropolitanas do Brasil chegam a 2,5% (PIB). Outro estudo, publicado pela Federação das Indústrias do Estado Rio de Janeiro (Firjan) indica que o custo dos congestionamentos no Rio de Janeiro e São Paulo, as duas maiores regiões metropolitanas, ultrapassou R$ 98 bilhões em 2013. Na região metropolitana do Rio, o tempo perdido diariamente em congestionamentos trouxe prejuízo econômico de R$ 29 bilhões em 2013. Já nos 39 municípios da região metropolitana de São Paulo, os congestionamentos atingiram, em média, 300 km por dia em 2013 e o custo relacionado foi de R$ 69,4 bilhões. O valor equivale a 7,8% do PIB metropolitano (Firjan, 2014).

A saúde pública é outra grande prejudicada pela expansão urbana desordenada. É uma relação fácil de entender. Além de gastar mais dinheiro nos deslocamentos diários, as pessoas também despendem um bocado de energia no trajeto, muitas vezes marcado pelo desconforto de um ônibus sempre lotado, de uma fila quilométrica e demorada no ponto, tudo isso se repetindo todos os dias, pelo menos duas horas por dia, para ir e voltar do trabalho na região metropolitana de São Paulo.

Não há bem-estar que resista. Quanto mais tempo e energia se perdem no trânsito, maior a probabilidade de uma pessoa levar um estilo de vida sedentário, que pode resultar em obesidade e aumento dos níveis de estresse, quadros que podem ser agravados pela poluição atmosférica gerada pelo anda e para dos veículos movidos a combustíveis fósseis.

Um estudo feito pelo Instituto Saúde e Sustentabilidade mostra que a má qualidade do ar foi responsável por quase 100 mil mortes no estado de São Paulo entre 2006 e 2011. Os veículos são os maiores vilões, respondendo por 90% da poluição. E quanto maior a lentidão do trânsito, mais letal se torna o ar. A pesquisa estima um excesso de 7 mil mortes prematuras por ano na região metropolitana e 4 mil na capital, decorrentes do impacto da poluição na saúde das pessoas, além da redução de 1,5 ano de vida.

Para piorar, o crescimento da região metropolitana em São Paulo tem ocorrido às custas das periferias onde se encontram importantes áreas de preservação ambiental, indispensáveis para o sustento da própria cidade. Os impactos da expansão urbana sobre áreas naturais são significativos. A terra sustenta uma série de ecossistemas e funções, incluindo a produção de alimentos, habitat para as espécies naturais, retenção e armazenamento de água.

Quando o desenvolvimento ocorre sem consideração quanto à infraestrutura, necessidades comerciais, opções de transporte eficiente e acessíveis, e serviços de saneamento básico, ele só degrada as condições de vida da comunidade em vez de melhorar.

Não se pode esquecer que a expansão das cidades é marcada por um substâncial consumo de recursos naturais. O uso de terra e solo causam particular preocupação, uma vez que são recursos não renováveis em sua maioria. A má ocupação transforma drasticamente as propriedades da terra, reduzindo a sua capacidade de desempenhar funções essenciais no ciclo hidrológico. Um dos impactos mais evidentes é a perda de permeabilidade à água por conta dos processos de asfaltamento de ruas e estradas, que diminui dramaticamente a recarga das águas subterrâneas e afeta a drenagem das águas de chuva. Tal situação se dá às custas de áreas verdes que ajudam a garantir o adequado funcionamento de ecossistemas e suas funções tão necessárias às cidades.

Para agravar o quadro, condições de moradia ruins e carência de infraestrutura de saneamento adequada fazem com que toneladas de esgotos e efluentes sejam despejados sem tratamento em rios e lagos ou acumulados em valões a céu aberto. O resultado é a contaminação da água e do meio ambiente, que facilita a propagação de doenças e se traduz numa piora da saúde e no aumento da mortalidade.

A falta de investimento em planejamento e infraestrutura compromete recursos ambientais básicos, como solo, água e ar e ameaça o bem-estar humano. Reverter esse quadro não sai barato. Pesquisas mostram que o fornecimento público de infraestrutura e serviços para áreas afastadas ou subdivisões custa significativamente mais do que em áreas urbanas.

Em essência, a ocupação urbana descontrolada realimenta a concentração de renda, a exclusão social e a degradação ambiental. Os efeitos negativos que a expansão desordenada pode ter sobre a comunidade e seus recursos demonstram por que o planejamento do uso da terra é tão importante e como o poder público falha em realizá-lo, ressaltando a necessidade de os governos resgatarem a capacidade de planejamento. Sabemos que a vida na cidade exige uma série de aparatos e serviços, como redes de esgoto, água, luz, telefone e transporte adequado, mas, como vemos, as cidades continuam crescendo à revelia da disponibilidade desses serviços.

Para muitos especialistas, o processo de expansão das cidades e exclusão desenfreada de milhares de famílias é resultado de escolhas políticas tortuosas. Afinal, política pública não é só o que se faz, mas também o que se deixa de fazer.

Há uma teia de relações e agentes intermediários no desenvolvimento urbano que costuma passar bem longe dos discursos políticos sobre o processo de periferização, geralmente estigmatizado como algo inevitável. Mas são esses aparatos transparentes que contribuem para o caos.

O sociólogo Roberto Luiz do Carmo associa os altos preços nas áreas centrais da cidade, e mais valorizadas pelo mercado imobiliário, às dificuldades de parcelas mais pobres da população de conseguir moradias nessas regiões, obrigadas a recorrer a lotes em regiões afastadas, ampliando os limites das periferias metropolitanas. "O poder público, muitas vezes conivente, não tem conseguido evitar que áreas de preservação ambiental, tais como as de proteção de mananciais, sejam ocupadas. A cidade legal com regras absolutamente rígidas em alguns bolsões convive cotidianamente com a cidade sem lei. Enquanto de um lado há fiscalização e controle, de outro há o abandono e o descaso", descreve em artigo do livro *Administrando a água como se fosse importante: gestão ambiental e sustentabilidade,* obra de referência na área que reúne textos de especialistas renomados sobre os desafios da gestão da água nas grandes cidades.

Em outro artigo, o especialista em planejamento urbano metropolitano Renato Arnaldo Tagnin acrescenta que o avanço das periferias em áreas de baixa custo – normalmente em várzeas, cabeceiras de drenagem e mananciais – é estimulado pelo próprio poder público, que promove a valorização de determinadas áreas da cidade. Ele cita como exemplo o processo de valorização e expansão nas rodovias nos vetores norte (Fernão Dias), oeste (Rodoanel), sudoeste (BR-116 e Raposo Tavares) e sudeste (Anchieta e Imigrantes), que afetam as áreas de proteção dos reservatórios Guarapiranga, Billings e Paiva Castro. Para o autor, o governo consentiu durante longo tempo com a ocupação dessas áreas pelas populações carentes porque sabe que falhou na redução da exclusão social e na proteção dos mananciais. "O próprio Estado tem um histórico de atuação direta na derrogação da legislação protetora dessas áreas, realizando empreendimentos institucionais, habitacionais e de infraestrutura, produzindo a própria exclusão e a expansão urbana que, hoje, admite como inevitável", escreve Tagnin.

Segundo o geólogo Delmar Mattes, esse crescimento rápido e sem controle da cidade rumo às periferias, que vai minando lentamente as coberturas vegetais, coloca em risco o escoamento equilibrado do sistema de drenagem. Tal tendência, diz ele no artigo *A sustentabilidade do sistema de drenagem urbana* (idem), é frequentemente desenvolvida pelo próprio poder público. "É o caso do Rodoanel, na Grande São Paulo, que, ao incentivar esse direcionamento indesejável de expansão periférica, coloca em risco as poucas matas disponíveis das unidades de conservação, encontradas próximas às atuais frentes de expansão urbana e dos espaços e áreas produtoras de águas, nas áreas de proteção aos mananciais, comprometendo a quantidade e a qualidade da água disponível". Não surpreende, portanto, que as obras do trecho norte do Rodoanel sejam alvo de controvérsias, já que ela vai atravessar a Serra da Cantareira, região sensível do ponto de vista ambiental. O impacto considerável de expansão urbana em áreas naturais protegidas também influi no microclima local, alterando padrões pluviométricos. Com o novo trecho, parques na borda da Cantareira do lado de São Paulo, que seriam criados para proteger a floresta, serão divididos ao meio por estradas para a passagem de veículos automotores, com impacto na fauna e flora locais.

## Descaso ambiental

Tudo isso nos ajuda a entender por que a crise de falta de água em São Paulo é também uma crise ambiental. A degradação dos mananciais, essas áreas de produção de água tão necessárias para o abastecimento e consumo de gerações atuais e futuras, durante muito tempo avançou a olhos vistos. Um estudo da Fundação SOS Mata Atlântica divulgado recentemente indica que, atualmente, restam apenas 21,5% de vegetação nativa na bacia hidrográfica e nos 2.270 quilômetros quadrados do conjunto de seis represas (Paiva Castro, Águas Claras, Cachoeira, Atibainha, Jaguari e Jacareí) que compõem o Sistema Cantareira, fonte de abastecimento para cerca de 9 milhões de pessoas na Grande São Paulo e centro da maior crise hídrica da história do estado. Na pesquisa, a degradação é atribuída à expansão urbana e atividades como agricultura, pecuária e silvicultura. Os impactos do desmatamento em áreas de manancial são significativos. A floresta tem papel essencial na prevenção de secas, pois reabastece os lençóis freáticos e impede a erosão do solo e o assoreamento de rios. Um dos problemas mais evidentes da supressão de mata nativa é a redução na recarga das águas subterrâneas, o que afeta a drenagem das águas de chuva. Sem as árvores, pouca água é absorvida pelo solo. Segundo o estudo, o percentual de vegetação remanescente está abaixo do ideal para uma bacia hidrográfica produtora de água e também da totalidade necessária de áreas protegidas (incluindo Áreas de Preservação Permanente - APP, topos de morros e encostas) e reserva legal previstos na legislação. Em artigo publicado no Blog do Planeta, da revista *Época*, Marcia Hirota, diretora-executiva da Fundação SOS Mata Atlântica, sublinha a relação de interdependência na natureza: "Com esses índices de vegetação, não é de se estranhar que o Sistema Cantareira opere, atualmente, com o menor nível histórico de seus reservatórios, já que para ter água é preciso ter também florestas".

Não significa dizer que o desmatamento é culpado pela crise da água em São Paulo. Mas, certamente, se houvesse mais áreas verdes nas áreas proteção dos mananciais a crise seria menor, assim como a ameaça de racionamento para milhões de pessoas.

O caminho para reverter esse quadro, segundo a ONG, passa, primeiramente, pela recuperação da cobertura vegetal nas áreas de mananciais e produtoras de água. No entanto, para fazer diferença, é preciso que o governo paulista implemente efetivamente instrumentos econômicos como o Pagamento por Serviços Ambientais (PSA) e a cobrança pelo uso da água a todos os usuários.

Remunerar produtores rurais familiares e comunidades tradicionais, com o objetivo de incentivar uma mudança de comportamento para conservação da natureza, é o cerne do pagamento por serviços ambientais. A ideia que hoje já vem sendo discutida pelos legisladores do país se baseia no fato de que a natureza e seus recursos dão suporte a muitos setores econômicos e atividades urbanas, e que esse serviço prestado tem valor e deve ser recompensado. Além de reconhecer o valor econômico da proteção dos ecossistemas e recompensar aqueles que ajudam a garantir a provisão desses serviços, ele também cobra do usuário dos serviços, seguindo os conceitos de protetor-recebedor e usuário pagador (Ministério do Meio Ambiente).

Foi a adoção dessa ideia que fez o município mineiro de Extrema, na divisa com o estado de São Paulo, virar uma vitrine de boas práticas para o restante do país. Há pouco mais de duas décadas, a degradação ambiental era o cenário predominante na cidade. O principal vilão era a pecuária leiteria, que consumia grande quantidade de terra. Para piorar o quadro, boa parte dos mananciais de água que hoje abastecem a região estavam dentro das propriedades rurais de quem desmatava para expandir. Disposta a mudar esse quadro, a prefeitura criou o Projeto Conservador das Águas, que entrou em vigor com a promulgação da Lei Municipal nº 2.100, de 21 de dezembro de 2005, com foco no estímulo à política de pagamento por serviços ambientais voltados à proteção hídrica. Desde então, os produtores rurais passaram a ser recompensados com valores proporcionais aos serviços ambientais prestados. Os fundos vinham da parceria com instituições públicas, privadas ou com organizações do terceiro setor.

## SUJANDO O POUCO QUE SE TEM

Apesar de possuir um dos maiores índices de coleta de esgoto do país, São Paulo deixa de tratar 40% do esgoto produzido em todo o estado. Os dados constam no relatório *Qualidade das Águas*

*Superficiais 2013*, produzido pela Companhia Ambiental do Estado de São Paulo (Cetesb). Em tempos de "águas magras" nos reservatórios que abastecem a região, os números alarmantes de despejo ilegal de efluentes ganham contornos ainda mais preocupantes. Aquilo que não é tratado acaba por poluir os rios, piorando a qualidade das águas na região e reduzindo sua oferta.

Segundo o documento, no ano passado a qualidade da água captada para abastecimento em todo o estado paulista apresentou o pior índice dos últimos três anos de análises. O chamado Índice de Qualidade das Águas para Fins de Abastecimento Público, ou simplesmente IAP, indica as condições de qualidade da água bruta captada pela Sabesp (Companhia de Saneamento Básico do Estado de São Paulo) e também por outras concessionárias que operam no estado. A avaliação de 72 pontos de coleta de água gerou um resultado bom em 46% das amostras, regular em 35% e ruim ou péssimo em 17%. A título de comparação, em 2012, 61% dos pontos verificados foram considerados de boa qualidade.

A coleta e o tratamento de esgoto se distribuem de forma desigual por São Paulo, à semelhança do que ocorre no restante do país. De acordo com o levantamento da Cetesb, das 22 Unidades de Gerenciamento de Recursos Hídricos (UGRHI) de São Paulo, a Mantiqueira e a Baixada Santista, que atendem 59 mil e 1,8 milhão de habitantes, respectivamente, apresentam os piores índices de tratamento de esgoto em todo o estado. A coleta atinge 49% da população e o tratamento chega a apenas 10% do que é coletado na unidade da Mantiqueira, que inclui os municípios de São Bento do Sapucaí, Campos do Jordão e Santo Antônio do Pinhal. Na unidade da Baixada Santista, a coleta chega a 75% da população, mas o tratamento atinge somente 19%.

Entre as 645 cidades do estado, pelo menos 60 cidades não possuem tratamento de esgoto. Vargem Grande Paulista é o município com pior índice, seguido de Itaóca e Francisco Morato, na Grande São Paulo. Em todos eles, o atendimento de coleta de esgoto não passa de 40% dos domicílios, e nenhum possui tratamento. Sem rede adequada, todo o esgoto gerado vai parar nos rios próximos.

E a capital São Paulo? Segundo o levantamento da Cetesb, 97% do esgoto produzido é coletado, mas o tratamento atinge 75% deste total; o restante não tratado é despejado *in natura* no Tietê, no Tamanduateí e no Pinheiros. Há alguns exemplos positivos. Mococa, Regente Feijó e Batatais estão entre as cidades com melhor pontuação no índice: elas coletam e tratam 100% do esgoto.

Em tempos de crise no Sistema Cantareira, os números do descaso com os recursos hídricos causam espanto. Durante o mês de fevereiro, equipes da ONG SOS Mata Atlântica e grupos de voluntários fizeram 34 coletas de água em rios e córregos de 32 subprefeituras da cidade de São Paulo.

O resultado foi desastroso: mais da metade das amostras (59%) apresentaram qualidade ruim; 17,5% foram consideradas regulares e 23,5%, de péssima qualidade. Falta de tratamento de esgoto, lançamento ilegal de efluentes industriais, além do desmatamento, são as principais fontes de contaminação e poluição dos recursos hídricos. Diante da escassez de água em qualidade e quantidade para satisfazer as necessidades humanas, ecossistêmicas e de produção, agressões provocadas pela poluição e pelo desperdício da água devem ser coibidas com políticas públicas eficientes e participativas, adverte o estudo.

Na ausência de um planejamento e controle críticos por parte dos gestores públicos, aumentam os riscos de insuficiência no abastecimento de água tratada em São Paulo. Sem coleta e tratamento adequados e disponíveis para toda a população, reduz-se a quantidade de fontes seguras pela poluição e contaminação. Em vez de assegurar a recuperação dessas áreas, nós prejudicamos suas funções, que estão na base de sustento da própria cidade e seus habitantes.

Um dos exemplos mais notáveis desse processo de descaso na Região Metropolitana de São Paulo vem do lago da represa Guarapiranga, que abastece cerca de 4 milhões de moradores as zonas sul e sudeste da capital paulista. Com 25 quilômetros quadrados, o lago abrange vários municípios de São Paulo, como Itapecerica da Serra, Embu-Guaçu, Embu das Artes e Juquitiba. Estima-se que, atualmente, 40% das moradias localizadas ao redor da Guarapiranga sejam de ocupação irregular, que cresceram desordenadamente, gerando um problema duplo: habitações precárias e infraestrutura deficiente, que resultam no comprometimento da qualidade das águas para abastecimento.

O acúmulo de lixo causa o assoreamento desses reservatórios e o descarte de efluentes polui as fontes de água. A concentração de poluentes na represa gera o crescimento de algas e aguapé, que se alimentam da matéria orgânica que chega na represa junto com o esgoto. Elas se multiplicam rapidamente, gerando as imagens clássicas que correm pelos jornais de um imenso tapete verde sobre água da Guarapiranga.

Mas o esgoto doméstico não é o único vilão da poluição dos rios paulistas. O setor indústrial é um dos maiores consumidores de água potável. No entanto, nem toda a água que sai das indústrias em forma de esgoto retorna limpa para o meio ambiente, como deveria acontecer. Pelo contrário. Um estudo feito pelo Grupo de Economia da Infraestrutura e Soluções Ambientais, da Fundação Getulio Vargas (FGV), estima que, a cada hora, as indústrias paulistas descartem cerca de 10 milhões de litros de efluentes cheios de resíduos tóxicos e sem tratamento algum nos rios e lagos dos municípios de São Paulo.

Por dia, o descarte ilegal de esgoto indústrial daria para encher dois lagos do Parque Ibirapuera. Embora o volume do descarte industrial seja inferior ao total de esgotos residenciais que deixa de ser coletado e tratado pelas redes públicas, seu efeito nocivo ao meio ambiente pode ser equivalente ou até pior. Estima-se que cada litro de esgoto industrial seja, em média, 6,6 vezes mais poluidor do que os residenciais.

Segundo Gesner Oliveira, coordenador da pesquisa e ex-presidente da Sabesp, é paradoxal que na Região Metropolitana de São Paulo, onde o estresse hídrico é comparável à de algumas regiões do sertão nordestino, continuemos a poluir nossos mananciais com efluentes tão perigosos.

Esse descarte, segundo ele, obriga as concessionárias de saneamento a captar água a mais de 80 km da capital a custos elevadíssimos. A população também sofre os efeitos. Os resíduos industriais podem causar contaminação por metais pesados, provocando desde efeitos leves como irritações na pele e dores de cabeça, até reduções das funções neurológicas e hepáticas, rinites alérgicas e dermatoses. O estudo da FGV levou em conta os dados de descarte de 58.373 indústrias classificadas como de transformação.

A água consumida por essas instalações tem duas origens: ou é captada diretamente no manancial, com permissão dos órgãos competentes, ou vem de redes públicas de abastecimento. Parte dos efluentes industriais gerados são tratados localmente pelas próprias indústrias. Para isso, além de todo o equipamento adequado, é necessária uma outorga junto ao Departamento de Águas e Energia Elétrica (DAEE) para que o efluente tratado seja descartado de forma adequada na natureza. Outra parte dos efluentes industriais é transportada das indústrias por meio de caminhões para descarte direto em estações de tratamento de efluentes especialmente projetadas para esse recebimento. Para isso, a Cetesb deve emitir o Cadri, a Certificado de Aprovação para Destinação de Resíduos Industriais.

Aproximadamente 90% do consumo de água nas indústrias pesquisadas vem de poços artesianos, e a captação é feita diretamente pela própria indústria, e cerca de 90% dos efluentes estão sob sua responsabilidade de tratamento. Ao deixar de tratar esses efluentes, as empresas estão agindo em desconformidade com a lei. Daí, a necessidade urgente de aumentar a fiscalização e mecanismos de controle.

Segundo o estudo, os problemas de monitoramento do descarte de efluentes das indústrias passam, em grande medida, pela dificuldade em medir a água consumida a partir de poços artesianos. Por isso, uma das propostas dos pesquisadores da FGV é de que se faça a hidrometração de todos os poços da Região Metropolitana de São Paulo e sistema de monitoramento à distância, permitindo controlar o consumo de água a partir de poços artesianos, estimar e fiscalizar o descarte.

Outra proposta é inserir nos critérios de financiamento de bancos públicos e privados declaração sobre aderência da empresa e fornecedores quanto ao descarte de seus efluentes. Além da exigência, seria fundamental a fiscalização constante do descarte de efluentes por parte dos órgãos financiadores. O estudo defende ainda a criação de um selo de lançamento sustentável, a exemplo do selo azul e verde criado pelo governo paulista, que certifica os municípios a partir da adoção de práticas sustentáveis e serve para orientar a política de concessão de financiamentos às cidades. A ideia é que um selo voltado para o lançamento de efluentes incentive os municípios a combater o descarte ilegal de esgoto e terem seus esforços reconhecidos.

## Oportunidades perdidas

Quando se fala em universalização do acesso à água tratada e ao esgotamento sanitário, o primeiro benefício que costuma ser citado é o da saúde. De fato, estes serviços são essenciais para uma vida sadia, longe de parasitas, bactérias e germes causadores de doenças.

Mas os benefícios de garantir água e coleta de esgoto para todos vão além da saúde. Eles também se traduzem em geração de emprego,valorização imobiliária e riqueza. Pessoas mais saudáveis faltam menos ao trabalho por doenças, o que reflete em ganhos de produtividade. Ruas atendidas por esgoto e água tratada naturalmente são mais valorizadas devido à percepção aumentada de qualidade de vida.

Mesmo São Paulo, que possui taxas elevadas de fornecimento de água tratada e rede de esgoto, tem muito a lucrar com a expansão destes serviços. Mas para superar o desafio, é preciso investir em melhorias.

Para garantir a universalização dos serviços de água e a ampliação das ligações das casas às redes de esgotos e o saneamento nas áreas isoladas e rurais, serão necessários investimentos da ordem de R$ 35 bilhões no período de 2012 a 2020, segundo o estudo *Benefícios da Universalização do Saneamento Básico no Estado de São Paulo*, do Instituto Trata Brasil em parceria com a consultoria GO Associados. A maior parte (58% do total) seria para garantir a coleta de esgoto, enquanto o restante (42% do total) iria para água tratada. Por ano, seriam necessários investimentos da ordem de R$ 3,89 bilhões. Para efeito de comparação, em 2012 a Sabesp, que atende aproximadamente 27,7 milhões de pessoas (67% da população urbana do estado), investiu R$ 2,54 bilhões, pouco mais de 65% do investimento médio anual necessário para a universalização no estado, segundo a pesquisa. Veja no box a seguir os números da importância do saneamento para a redução de doenças, geração de riqueza e valorização imobiliária, de acordo com o estudo.

Os benefícios de garantir água tratada e coleta de esgoto para todo o Estado de SP:

**Investimentos para universalizar**

– Serão necessários cerca de R$ 35 bilhões para atingir a universalização dos serviços de água tratada e esgotamento sanitário no estado de São Paulo entre 2012 e 2020.

– R$ 14,8 bilhões (42% do total) é a quantia necessária para garantir água tratada, e R$ 20,3 bilhões (58% do total) no caso do atendimento de esgoto.

– Em termos anuais, serão necessários investimentos da ordem de R$ 3,89 bilhões.

**Benefícios à saúde**

– Redução de mais de 46 mil casos de diarreia ao ano para as famílias de baixa renda.

– Com isso, a economia total seria de R$ 8,7 milhões por ano, vinda tanto da redução de consultas e compra de medicamentos quanto da redução do número de faltas ao trabalho.

**Geração de empregos**

– Com os investimentos de R$ 35 bilhões para a universalização do saneamento, seriam criados anualmente, em média, 93 mil postos de trabalho. Isso significa que até 2020 seriam criados 836 mil novos empregos.

**Valorização imobiliária**

– O total de benefícios anuais da universalização de saneamento seria de R$ 756,4 milhões para a valorização imobiliária.

– É esperado que as residências que realizarem as conexões às redes de água e de esgoto tenham um ganho imobiliário médio da ordem de 18,26%. Para as que já estão conectadas à rede de água, mas realizarem conexão à rede de esgoto, o ganho imobiliário é estimado em 14,87%.

*Fonte:* Estudo *Benefícios da Universalização do Saneamento Básico no Estado de São Paulo*, 2014, do Instituto Trata Brasil e GO Associados

## UM DRAMA A CONTA-GOTAS

Ninguém duvida que São Pedro mostrou a São Paulo sua face mais implacável no verão de 2014. Uma receita nada fresca de fenômenos meteorológicos deu origem a uma estação atípica, marcada por algumas das mais altas temperaturas em décadas e muita secura no ar. As chuvas não vieram, a água evaporou, o chão rachou e os paulistas sentiram o medo da torneira secar. A pior estiagem a atingir São Paulo em mais de oito décadas contribuiu para levar a níveis críticos os principais reservatórios de água do Estado. Sem as chuvas fartas, que costumam alagar a cidade durante o verão, deixamos de reter volumes importantes de água para abastecimento.

Com a chegada do outono e do inverno, estações caracteristicamente secas, a crise se aprofundou ainda mais. Nos primeiros sete meses do ano, o Sistema Cantareira, que abastece cerca de 9 milhões na capital e mais 5 milhões no interior, incluindo Piracicaba e Campinas, recebeu apenas 57% do volume de chuva esperado para o período. De janeiro a julho, foram registrados 533 milímetros (mm) de chuva, bem abaixo dos 916 mm da média dos últimos dez anos (dados disponibilizados no site da Sabesp). E para por aí a contribuição de São Pedro para a seca paulista.

O castigo do clima serviu de estopim para uma crise que vinha se desenhando há tempos. Mas por sua imprevisibilidade, as parcas águas do primeiro trimestre do ano acabaram virando verdadeiros algozes da crise hídrica paulista, quando são apenas uma parte, quiçá a mais idônea, da crônica de um colapso anunciado há tempos.

Caprichos da natureza não explicam, por si só, como a região com o maior PIB do país e lar de 20% da população brasileira ficou à beira de um colapso d'água. O drama da torneira seca vivido pelo paulista tem uma origem comum a outras mazelas estruturais bem conhecidas dos brasileiros: a inoperância do poder público.

Capacidade de planejamento, prevenção, controle, análise crítica e transparência: no contexto da crise da Cantareira, os princípios da governança hídrica parecem todos ausentes ou insuficientemente aplicados pelos gestores públicos.

A crise expôs a fragilidade da política e física de um sistema que opera no limite. Faz pelo menos quatro anos que o Estado de São Paulo está a par dos riscos de desabastecimento de água na Região Metropolitana. Em dezembro de 2009, o relatório final do Plano da Bacia Hidrográfica do Alto Tietê, feito pela Fundação de Apoio à Universidade de São Paulo, não só alertou para a vulnerabilidade do Sistema Cantareira como sugeriu medidas cabíveis a serem tomadas pela Sabesp, controlada pelo governo do Estado de São Paulo, a fim de melhorar a gestão da água diante da demanda crescente. O estudo afirmava que o sistema da Cantareira tinha "deficits de grande magnitude" e ressaltava que a grande dependência do abastecimento da Região Metropolitana de São Paulo das águas provenientes da região indicavam a "necessidade de contar com regras operativas para evitar o colapso de abastecimento das regiões envolvidas e minimizar a influência política nas decisões".

Entre as recomendações feitas pelo relatório, estavam a instauração de processos de monitoramento de chuvas e vazões do reservatório e implementação de postos pluviométricos. Bem antes disso, na portaria que renovou a outorga da concessão da administração do Sistema Cantareira, em 2004, ficou estabelecido como uma das condicionantes que a Sabesp tivesse um plano de diminuição de dependência do Cantareira. Alertas não faltaram.

Diante disso e do aprofundamento da crise hídrica, o Ministério Público de São Paulo (MP-SP) abriu uma investigação para apurar as responsabilidades e falhas de gestão do governo paulista e das concessionárias (entre elas a Sabesp) na maior crise hídrica do Estado. O Ministério Público Estadual também apura irregularidades no Programa de Redução de Perdas de Água e uso racional, devido a suspeitas de favorecimento de 13 empresas em vários contratos firmados entre 2008 (gestão José Serra) e 2013 (gestão Geraldo Alckmin). O inquérito investiga se as empresas contratadas possuíam vínculos com ex-diretores da concessionária e se houve favorecimento, mediante exigências de certificação elaboradas por entidade de classe formada pelas mesmas empresas. Segundo a portaria de instauração do inquérito, a concessionária teria investido cerca de R$ 1 bilhão entre 2008 e 2012 para diminuir o desperdício de água na rede distribuidora, mas não atingiu as metas estabelecidas pela Agência Reguladora de Saneamento e Energia do Estado de São Paulo (Arsesp), que fiscaliza o serviço.

Em nota técnica, a Arsesp informou que as perdas de água do sistema de abastecimento da Sabesp estão em torno de 32%, "não se verificando alteração significativa nos últimos quatro anos". A taxa ficou acima da meta de 30,5% estabelecida pela Arsesp. Por sua vez, a Sabesp diz que os investimentos feitos nos últimos anos levaram à redução das perdas, que hoje estariam perto de 25%, segundo a concessionária. Segundo a Arsesp, a empresa utiliza um conceito de perdas diferente em seus relatórios, que não reflete adequadamente as perdas que ocorrem no sistema de abastecimento.

Mesmo considerando a perda de água declarada pela concessionária, estamos falando de um quarto de toda água captada na Grande São Paulo e que se perde entre a represa e a caixa d'água das casas e dos edifícios. É um volume equivalente ao fornecido pela Guarapiranga e Billings juntas, suficiente para o abastecimento de quase 4 milhões de pessoas.

## Em queda livre

Enquanto o número de inquéritos sobre a crise hídrica crescia, o nível das represas do Sistema Cantareira despencava. De uma média de 32% em novembro de 2013, um quadro que já despertava alerta, passou a 8% em maio deste ano. A evolução do problema atingiu níveis inéditos, que exigiam soluções enérgicas.

De saída, a Sabesp ofereceu desconto de até 30% na conta para quem economizasse água. Com a adesão popular e controle dos desperdícios, a ação surtiu efeito. No mês de junho, mais da metade dos clientes da Sabesp na Grande São Paulo reduziu em pelo menos 20% seu consumo, obtendo, assim, o desconto de 30% na conta.

É verdade que o aumento do consumo de água eleva a pressão sobre os recursos hídricos. Mas cabe aos gestores públicos garantir condições de equilíbrio entre a oferta e a demanda. O que não ocorreu. Um levantamento feito pelo jornal *Folha de S.Paulo* a partir de dados da Sabesp indicou que, entre 2004 e 2013, a demanda de água em 33 municípios da região metropolitana abastecidos pela concessionária aumentou 26%, ao passo que a produção cresceu somente 9%.

Estima-se que, atualmente, o consumo médio *per capita* na Grande São Paulo seja de 160 litros de água. A média recomendada pelas Nações Unidas é de 110 litros por pessoa, considerada suficiente para suprir as necessidades diárias de um indivíduo para higiene e uso doméstico. Independentemente do drama hídrico ou da existência de estímulos para redução do consumo, como o desconto na conta dado pela Sabesp, existe uma folga confortável para a população aumentar sua contribuição e cortar desperdícios. Com pequenas atitudes conscientes no dia a dia, podemos influenciar a disponibilidade de água no curto e longo prazo.

**Oportunidades para reduzir gastos e poupar recursos**

- Pinga-pinga da torneira ao longo de um ano desperdiça pelo menos 16 mil litros de água limpa e tratada.

- Banho de ducha de 15 minutos, com registro meio aberto, gasta 135 litros de água. Fechar o registro ao se ensaboar durante cinco minutos reduz o consumo para 45 litros.

- A lavadora de roupas com capacidade de cinco quilos gasta 135 litros. O ideal é usá-la somente com a capacidade total.

- A mangueira ligada por 15 minutos para limpar a calçada e o quintal gasta cerca de 280 litros de água. Utilize vassoura.

- Fique de olho em vazamentos. A água que vaza por um orifício de dois milímetros em um cano durante um dia inteiro equivale à quantia usada em uma lavagem de roupas na máquina de lavar.

- Lavar louça com a torneira semiaberta durante 15 minutos gasta 117 litros de água. Com uso consciente, o consumo pode chegar a 20 litros.

*Fontes:* Instituto Akatu, Idec e Sabesp

Outra proposta apresentada pelo governo foi a de aplicar uma multa, chamada de "ônus" pela Sabesp, para o usuário que aumentasse o consumo acima de 20% da média dos 12 meses anteriores. O Idec (Instituto Brasileiro de Defesa do Consumidor) considerou a medida abusiva e, portanto, ilegal. Segundo a entidade, a multa contraria o Código de Defesa do Consumidor, que veda ao fornecedor de produtos ou serviços, dentre outras práticas abusivas, elevar sem justa causa o preço de produtos ou serviços. Para o Idec não ficou caracterizada a "justa causa", já que as medidas necessárias para evitar tal situação não foram tomadas pelo governo. Mesmo considerando que a aplicação de multa é um mecanismo tarifário de contingência, tal medida só poderia ser adotada após decretação de racionamento, o que o governo não fez. Ou pelo menos diz que não fez.

Apesar de o governo negar a ocorrência de racionamento, o Idec diz ter recebido 618 relatos de falta de água na capital paulista e na Grande São Paulo, entre os dias 25 de junho e 26 de setembro, sendo que 72% reclamaram de pelo menos uma interrupção todos os dias. A Sabesp atribui as queixas a eventuais interrupções para manutenção da rede e diz que o número de reclamações é uma amostragem muito pequena comparado ao universo de clientes que atende. Apesar de negar o racionamento, a concessionária admite que realiza em algumas regiões a redução da pressão noturna de água, prática que, segundo a empresa, objetiva diminuir perdas de água por vazamento na rede de distribuição.

Sujeitar 9 milhões de pessoas a um regime de racionamento não é uma decisão fácil. Cortes de água escalonados provocam sucção da sujeira presente no interior da rede de distribuição, o que demanda maior aplicação de produtos químicos, como cloro, para evitar problemas com a água distribuída. Além disso, o risco de as tubulações (muitas já desgastadas) romperem é grande, o que aumenta as chances de contaminação da água.

A realidade, porém, se impõe. E afastar essa opção (de racionamento) de forma arrebatada, como tem feito o governo, é no mínimo um exagero. Daí as críticas crescentes de que a gestão da crise hídrica submeteu-se a interesses eleitoreiros. Em verdade, não é só a água que está em falta, mas, acima de tudo, transparência do poder público, um dever estipulado em lei.

Sancionada em 1997, a Lei das Águas (Lei nº 9.433), que estabeleceu a Política Nacional de Recursos Hídricos (PNRH), tem como fundamento a compreensão de que a água é um bem público, sendo sua gestão baseada em usos múltiplos (abastecimento, energia, irrigação, indústria etc.) e descentralizada, com participação de usuários, da sociedade civil e do governo. A descentralização da gestão da água implica uma participação ativa da sociedade nas decisões. Por se tratar de bem público, é legítimo que a população tenha acesso a toda sorte de informação e conhecimento sobre este recurso. Sem informação e referências confiáveis, o controle social é enfraquecido, comprometendo a boa governança da água.

Enquanto a capital refutava a ideia, pelo menos 18 cidades paulistas adotaram o racionamento em resposta à crise hídrica, segundo um levantamento feito pelo jornal *Folha de S.Paulo* no mês de agosto junto a 200 municípios que não são atendidos pela Sabesp. Conforme a pesquisa, 2,1 milhões de pessoas no Estado de São Paulo enfrentaram interrupções com duração de quatro horas a dois dias seguidos. Muitas dessas regiões não possuem represas e dependem das águas superficiais de rios e lagos, que estão em baixa por conta da seca. Guarulhos, Sorocaba, Itu, Batatais e Valinhos são algumas das cidades que adotaram o rodízio oficial de água.

## VOLUME MORTO, CHUVA *HIGH TECH* E TODA SORTE DE REMEDIAÇÃO

Outra medida para contornar a crise foi a tentativa de provocar chuva artificial, um processo chamado de semeadura de nuvens, ao custo de R$ 4,5 milhões. Segundo a Sabesp, a adoção da medida neste ano provocou a queda de cerca de 11,5 bilhões de litros nos reservatórios, o que representa 1,2% de todo o volume do sistema. A técnica consiste no lançamento de substâncias aglutinadoras que ajudam a formar gotas de chuva. A substância mais comum é o cloreto de sódio, o popular sal. É possível usar ainda o iodeto de prata, gelo seco (gás carbônico congelado) e, no caso da experiência paulista, água potável. Essas substâncias são lançadas de avião na base ou no topo das nuvens consideradas capazes de originar precipitação.

Ao entrar em contato com o vapor de água, essas partículas grandes atraem partículas menores e levam à formação de gotas de água mais pesadas que começam a se precipitar na forma de chuva. São Paulo vem utilizando esta técnica desde 2001, quando foi firmado o primeiro contrato com a empresa especializada no serviço. Desde então, segundo informações disponibilizadas no próprio site da companhia, já foram firmados sete contratos de médio prazo com a Sabesp para induzir chuvas sobre os Sistemas Cantareira e Alto Tietê.

Se não é primeira vez que o Estado apela para a chuva artificial, tampouco trata-se da primeira investida brasileira. A técnica já foi usada até para tentar aplacar a seca no semiárido nordestino há mais de 50 anos. E em meio à seca histórica que castigou a Bahia em 2012, a chuva *high tech*, segundo relato do governo, estimulou precipitação suficiente para garantir uma boa condição de solo e salvar a produção de abacaxi da região de Itaberaba.

Apesar de velha conhecida, a técnica ainda é alvo de controvérsias. Para o professor Augusto Pereira Filho, do Instituto de Astronomia, Geofisica e Ciências Atmosféricas da USP, o procedimento de semeaduras em nuvem é incipiente. O especialista é autor de um artigo que analisa a precipitação na área da bacia do rio Jaguari entre os meses de novembro de 2003 e fevereiro de 2004 quando se utilizou a tal técnica. "Os resultados indicaram diminuição de 200 mm sobre a bacia em relação às áreas vizinhas e uma anomalia negativa de 300 mm quando comparado com 2003 no mesmo período", diz o resumo do artigo. Além disso, foi realizada uma análise da acumulação de chuva diária entre maio e dezembro de 2004, quando se utilizou o procedimento sobre a mesma bacia. "Neste segundo período, choveu menos na bacia em 90% dos dias do que em áreas vizinhas. Nos outros 10%, choveu mais, porém com baixa acumulação em geral. Assim, na melhor das hipóteses, o procedimento de semeadura de nuvens resultou incipiente", disse o professor em entrevista à Exame.com.

A investida mais radical, no entanto, foi recorrer a obras para retirada do volume morto, uma reserva abaixo do nível de captação de água feita pela Sabesp. Para muitos especialistas, o quadro reflete a ilusão da abundância em plena escassez, com consequências nefastas para o meio ambiente, a economia e para o próprio bem-estar da população. Por se tratar de uma área mais funda, essa reserva "técnica ou estratégica", como diz o governo, serve de zona de sedimentação dos micropoluentes no ambiente aquático e, também, de alguns metais pesados.

Quando remexida, pode impactar não só a qualidade da água, mas a vida dos seres daquele ecossistema. Para os *experts* em recursos hídricos, a reserva do volume morto deveria ser usada apenas em situação extrema, somente após iniciado um rodízio e caso as chuvas de outubro não chegassem em quantidade suficiente.

Deixar o manancial se esgotar gera graves efeitos ambientais. O esgotamento de uma represa afeta os lençóis freáticos do entorno e todo o ecossistema. Recuperar esses sistemas vai ser muito mais complicado, mesmo com chuvas. À medida que o nível da água reduz, aumenta a taxa de evaporação, porque o solo fica mais seco e em contato com a atmosfera. Segundo análise estatística do comitê que monitora a crise, o sistema tem só 25% de chance de acumular entre dezembro e abril de 2015 uma quantidade de água (546 bilhões de litros) suficiente para repor o "volume morto" usado emergencialmente e ainda devolver ao Cantareira 37% da sua capacidade antes do próximo período de estiagem.

Marco Antonio Palermo, doutor em engenharia de recursos hídricos pela USP, afirma que o uso do volume morto é uma estratégia paliativa e muito deletéria, que não trata o problema de forma estrutural. Pior, está virando rotina. Isso não pode ser prática de uma política de gestão de recursos hídricos, que deve se concentrar na produção de água e no uso do volume útil.

O raciocínio de que a crise atual será resolvida com novas fontes de água se mostra perigoso, segundo Roberta Baptista Rodrigues, doutora em recursos hídricos e professora dos cursos de Engenharia Ambiental e Sanitária e de Engenharia Civil da Universidade Anhembi Morumbi. "Esses mananciais precisam ser preservados e não explorados à exaustão. É uma questão de preservação da qualidade da água."

Mas é este raciocínio que parece guiar os gestores paulistas. Em março, o governo de São Paulo propôs a captação de água do rio Paraíba do Sul, que abastece 11 milhões de pessoas no Rio de Janeiro. A ideia era fazer uma reversão para suprir parte da demanda do Sistema Cantareira no futuro. O governo fluminense rejeitou a proposta.

A negativa engendrou um conflito cheio de troca de farpas entre os dois Estados mais ricos do país. Era o sintoma mais visível de um problema grave e silencioso: a crise de governança da água. Ao falhar em dar respostas adequadas a uma conjuntura hídrica desfavorável, o país coloca em risco a própria legitimação de seus órgãos competentes no assunto.

São Paulo e Rio perderam a oportunidade de reunir à mesa todos os atores que fazem usos múltiplos da água, e encontrar uma solução apartidária, em prol da gestão deste bem comum. Por sua vez, as agências reguladoras deveriam fazer uma mediação conciliatória desses conflitos. E cabe ao governo criar condições para materializar recursos que minimizem tensões dessa natureza, que poderão se intensificar no futuro.

Com a crise instalada, começaram a sair do papel projetos antigos que podem proteger a cidade de novos colapsos. É o caso da construção de um novo reservatório de água, em Ibiúna, fruto de parceria público-privada, prevista para ser concluída em 2018. Quando estiver pronta, ela garantirá 4.700 litros de água por segundo, um aumento de 7% na capacidade de produção de água para a Região Metropolitana de São Paulo. A verdade é que não existe uma solução única e rápida para a crise hídrica de São Paulo. Aquilo que precisava ser feito para evitar o drama a conta-gotas não foi feito. Qual será o plano C quando a última gota chegar? A incerteza onipresente e o medo da torneira seca é o preço amargo que pagamos pela gestão negligenciada das nossas águas. Aí só resta rezar para a chuva chegar, farta e generosa, e nos tirar do fundo do poço.

# A ÁGUA INVISÍVEL DO PÃO NOSSO DE CADA DIA

Por dia, uma pessoa bebe de 2 a 4 litros de água, incluindo a contida em sucos, refrigerantes e outras bebidas. No mesmo período, consome de 2.000 a 5.000 litros de água na forma de alimentos. Tudo que comemos precisa de água para crescer, o que torna a agricultura a maior usuária de água doce do planeta. Ao alimentar o mundo e produzir uma grande quantidade de culturas para fins variados, como algodão, borracha e óleos industriais, a atividade responde por nada menos do que 70% do consumo mundial do recurso.

Produzir alimento em sua forma mais básica é um negócio extremamente sedento. São necessários 1.700 litros de água, em média, para cada quilo de arroz colhido (que é transportado com casca para a usina de beneficiamento). No caso do arroz branco, que compramos no supermercado, são 2.500 litros por quilo. O bife de carne bovina sai mais caro: 15.415 litros por quilo, dado o volume de água necessário para cultivar plantas e alimentos usados na criação dos animais, além da água que eles bebem. Essas relações podem variar, dependendo do local de cultivo, das condições do solo e das técnicas empregadas.

São "números volumosos" que costumam permanecer invisíveis durante uma vida inteira de idas ao supermercado. Afinal, eles não aparecem entre os ingredientes no rótulo do produto de forma tão clara e objetiva, tampouco na nota fiscal da compra. Uma embalagem de suco ou refrigerante elenca a água entre os componentes, é verdade, mas para por aí, sem detalhes a mais. No pão de forma integral ou no biscoito, água sequer é ingrediente. Mas para cultivar o trigo e produzir a farinha refinada, base desses alimentos, gasta-se cerca de 1.850 litros de água por quilo. Esses números que passam despercebidos por nós, consumidores, podem ser estimados pelo cálculo da chamada "pegada hídrica", do inglês "*water footprint*". O consumo de água ao longo do ciclo de produtos comuns, como o cafezinho ou o bife com batata frita, pode ser expresso através da pegada hídrica (ver tabela da página 68).

"O interesse na pegada hídrica está enraizado no reconhecimento de que os impactos humanos nos sistemas de água doce podem estar ligados ao consumo humano, e que questões como a escassez de água e a poluição podem ser mais bem compreendidas e tratadas, considerando a produção e cadeias de suprimento como um todo", diz o professor Arjen Y. Hoekstra, criador do conceito da Pegada Hídrica (Waterfootprint.org).

Junto com os contêineres cheios de café, soja, açúcar e laranja que deixam os portos do Brasil rumo ao mercado internacional todos os anos, saem toneladas de água, que foram usadas para a produção desses alimentos. Como um grande *player* no mercado mundial de *commodities*, o Brasil exporta, por ano, 112 trilhões de litros de água virtual, segundo dados da Unesco compilados com base na metodologia da pegada hídrica. O Brasil é o quarto maior exportador de "água virtual" do mundo, ficando atrás apenas dos Estados Unidos, da Índia e da China.

A água envolvida na produção destinada à exportação assume importância central em um contexto socioeconômico. Recentemente, por exemplo, a China anunciou que precisará elevar a importação a fim de usar uma parte maior de seus recursos hídricos para a produção de energia, principalmente nas regiões áridas mas ricas em carvão.

**A água invisível de 15 alimentos e bebidas; média mundial estimada pelo Waterfootprint.org**

**Cerveja: 75 litros/copo de 250 mililitros**

Cerveja aguada não dá né? Mas esse aí é o volume de recurso hídrico necessário para produzir nada mais do que 250 mililitros (um copo) de cerveja, na média global. Sendo que 90% dessa água está ligada ao cultivo das culturas envolvidas, como a cevada.

**Carne bovina: 15.400 litros/quilo**

O volume de água necessário para produzir 1 quilo de carne bovina no mundo é de 15.400 litros. Mas a chamada pegada hídrica da carne pode variar, dependendo de fatores como o tipo de sistema de produção e da composição e origem da alimentação do gado.

**Pizza Marguerita: 1.259 litros/0.75 quilo**

Na produção da redonda, o queijo mozzarella representa cerca de 50% do consumo total de água; a farinha de trigo, 44% e o molho de tomate cerca de 6%. A pegada hídrica varia de país para país. Na Itália, por exemplo, a redonda tem uma pegada média de 940 litros/quilo; já na China, a pizza com os mesmos ingredientes tem uma pegada hídrica de 1.370 litros/quilo.

**Pão de trigo: 1608 litros/quilo**

Cerca de 80% deste valor é atribuído à farinha que é derivada do trigo, o resto é atribuído a subprodutos. Um quilo de trigo proporciona cerca de 790 gramas de farinha, de forma que a presença de água na farinha de trigo é de cerca de 1.850 litros/quilo.

**Café: 132 litros/125 mililitros**

E para produzir o nosso sagrado cafezinho amigo? Um quilo de café torrado requer quase 19 mil litros de água. Já para uma xícara pequena (125 mililitros), que exige 7 gramas de café torrado, são necessários 125 litros de água.

**Banana: 790 litros/quilo**

Em média, uma banana grande (de 200 gramas) consome sozinha 160 litros de água. Na Índia, o maior produtor de banana do mundo, a pegada hídrica média da fruta é de 500 litros/quilo. A média global é de 790 litros/quilo.

**Carne de frango: 4.325 litros/quilo**

A pegada hídrica média global de carne de frango é menor do que as pegadas de carne de gado de corte (15.400 litros/quilo), ovinos (10.400 litros/quilo), porco (6.000 litros/quilo) ou cabra (5.500 litros/quilo). Para se ter uma ideia, a pegada hídrica mundial de frangos de corte no período de 1996 a 2005 foi de cerca de 255 milhões de metros cúbicos por ano, ou 11% da pegada hídrica total da produção animal no mundo.

**Batata frita: 1.040 litros/quilo**

A pegada hídrica global da batata é de 290 litros/quilo, em média. Já para fazer batatas fritas, consomem-se cerca de 1.040 litros de água por quilo. Segundo o Waterfootprint, a China é o país que mais produz batata no mundo, contribuindo com 22% da pegada hídrica total da produção global.

**Açúcar (da cana-de-açúcar): 1.782 litros/quilo**

São necessários até 210 litros de água para produzir 1 quilo de cana-de-açúcar, sendo que cerca de 87% deste valor é alocado para o açúcar. No período de 1996 a 2005, a produção de cana-de-açúcar representou 4% da pegada hídrica total da produção agrícola no mundo.

**Tomate: 2.14 litros/quilo**

Em média, a produção de um tomate (250 gramas) leva até 50 litros de água. Já quando se fala em ketchup, o consumo de água salta para 530 litros por quilo do produto.

**Vinho: 109 litros/125 mililitros (uma taça)**

A pegada hídrica média global das uvas é de 610 litros/quilo. Um quilograma de uvas dá 0,7 litros/quilo de vinho, de modo que a pegada hídrica do vinho é de 870 litros de água por litro de vinho. Isto significa que a produção de uma taça de vinho (125 mililitros) consome até 110 litros, em média.

**Arroz: 2.497 litros/quilo**

A produção de arroz em casca (na forma como é colhido do campo) requer 1.670 litros de água por quilo. Isso rende em média 0,67 quilo de arroz branco, que do processo de produção até chegar à prateleira do mercado requer quase 2.500 litros de água por quilo, em média.

**Alface: 237 litros/quilo**

Segundo o Waterfootprint.org, a pegada hídrica global do alface é, em média, de 240 litros / kg. No entanto, ela difere de lugar para lugar. Por exemplo, na China e nos EUA, os dois maiores produtores da verdura, o alface tem uma pegada hídrica de 290 e 110 litros/quilo, respectivamente.

**Laranja: 560 litros/quilo**

Em média, um laranja (150 gramas) tem uma pegada hídrica de 80 litros de água, enquanto um litro de suco de laranja requer 1.020 litros de água por litro. Já um copo de suco (200 mililitros) consome 200 litros de água.

**Milho: 1.220 litros/quilo**

Em média, a pegada hídrica global do milho é de 1.220 litros/quilo, podendo variar muito de país para país. No Brasil, ela é de 1.750 litros/quilo, já na Índia chega a 2.540 litros/quilo. Entre 1996 e 2005, a produção de milho mundial contribuiu para 10% da pegada hídrica da produção agrícola.

*Fonte:* Média mundial estimada pelo Waterfootprint.org

## O QUE NÃO SE VÊ, MAS SE SENTE

Ainda que não receba atenção nos rótulos, a disponibilidade de água tem o poder de afetar nosso bolso, ao influenciar os preços das *commodities* alimentares. O ano de 2012 prometia uma boa safra mundial de milho, soja e trigo, pelas previsões da Organização das Nações Unidas para Agricultura e Alimentação (FAO), mas no meio do caminho a pior onda de calor em meio século torrou as lavouras dos Estados Unidos, o maior exportador de grãos. Condições semelhantes de estiagem também reduziram a produção de trigo no Leste Europeu. O resultado dessa reviravolta climática foi um aumento de 10% nos preços globais dos alimentos, segundo relatório do Banco Mundial (BM).

Alimentar o mundo em um planeta em aquecimento é o grande desafio para a agricultura. A escalada dos preços dos alimentos é uma questão de vida e morte para as populações que vivem em países pobres e que gastam até 75% de sua renda para conseguir comer. Muitas das terras agrícolas do mundo estão em áreas semiáridas que deverão ficar mais secas devido às mudanças climáticas. Nessas regiões, também se encontram os mais necessitados. Estima-se que 870 milhões de pessoas estejam subnutridas devido à falta de alimentos ou à dificuldade de acesso a eles (Organização das Nações Unidas para Alimentação e Agricultura – FAO, 2013). É quase uma em cada sete pessoas sem o mínimo necessário à sobrevivência.

Em 1948, a Declaração Universal dos Direitos Humanos afirmou o direito de todos a uma alimentação adequada. Contudo, o acesso a uma alimentação adequada nas áreas rurais de muitos países em desenvolvimento depende fortemente do acesso aos recursos naturais, incluindo a água, necessária para produzir alimentos. Mais de meio século depois, a Assembleia Geral da ONU declarou o acesso à água potável e ao saneamento um direito humano em 28 de julho 2010. Mas o direito à água no contexto do direito à alimentação é uma questão complexa. Segundo a Unesco, enquanto água para beber e cozinhar seria um direito garantido, água para a produção de alimentos provavelmente não seria abrangida no atendimento às necessidades mínimas em zonas áridas.

## RELAÇÃO DESIGUAL

Todo ser vivo precisa de água e alimento, mas nem sempre esses dois recursos vivem em harmonia no mundo. E é aí que mora o perigo. Um levantamento feito pelo instituto americano World Ressource Initiative (WRI) indica que um quarto da agricultura mundial está em áreas que sofrem um forte estresse hídrico, ou seja, onde a demanda de água supera, em muito, a oferta. A análise destaca a tensão entre a disponibilidade de água e a produção de culturas agrícolas que estão entre as principais *commodities* e servem de base para a segurança alimentar. Encontrar um equilíbrio entre esses dois recursos críticos será essencial.

Veja abaixo os alimentos mais vulneráveis à falta de água, segundo a pesquisa do WRI baseada no projeto Aqueduct, que mapeia a exposição das principais *commodities* agrícolas ao "estresse hídrico":

- Trigo: quase metade (43%) da produção mundial de trigo ocorre em áreas de alto a extremo estresse hídrico.
- Milho: 35% da produção mundial de milho ocorre em áreas de alto a extremo estresse hídrico.
- Laranja: 33% da produção mundial de laranjas ocorre em áreas de alto a extremo estresse hídrico.
- Cana-de-açúcar: 31% da produção mundial de cana-de-açúcar ocorre em áreas de alto a extremo estresse hídrico.
- Arroz: 29% da produção mundial ocorre em áreas de alto a extremo estresse hídrico.
- Canola: 26% da produção mundial de canola ocorre em áreas de alto a extremo estresse hídrico.
- Soja: 19% da produção mundial de soja ocorre em áreas de alto a extremo estresse hídrico.
- Aveia: 13% da produção mundial de aveia ocorre em áreas de alto a extremo estresse hídrico.
- Café: 10% da produção mundial de café ocorre em áreas de alto a extremo estresse hídrico.
- Cacau: 5% da produção mundial de cacau ocorre em áreas de alto a extremo estresse hídrico.
- Óleo de palma: 5% da produção mundial de óleo de palma ocorre em áreas de alto a extremo estresse hídrico.

Há uma potencial crise a caminho, que poderá ser deflagrada pelo aumento populacional, a crescente pressão sobre os recursos naturais e o clima arisco. Em 1950, o planeta tinha três bilhões de habitantes; em

2050, seremos nove bilhões. Hoje, somamos sete bilhões no mundo, comendo, usando energia, poluindo e consumindo.

A população vai praticamente triplicar em pouco mais de uma geração. Isto colocará uma pressão adicional sobre os nossos hídricos, num momento em que precisaremos também alocar mais água para satisfazer a demanda global de energia, que deverá crescer 60% em três décadas.

A maior parte desse crescimento ocorrerá nos países em desenvolvimento, onde o aumento populacional, juntamente com o incremento da renda e a rápida urbanização vão aumentar a pressão sobre os recursos naturais e os sistemas globais de alimentos. De acordo com estimativas, a produção global de alimentos terá de aumentar aumentar 60% em 2050 para atender a demanda (FAO, 2012).

## O CUSTO DO QUE SE PRODUZ MAS NÃO SE COME

Tão importante quanto aumentar a produção é reduzir as perdas. Atualmente, o mundo desperdiça um terço dos alimentos que produz. De acordo com estudo do WRI, em parceria com o Programa Ambiental das Nações Unidas (Pnuma), a cada ano 1,3 bilhão de toneladas de alimentos vão parar no lixo.

O desperdício ultrajante de comida significa também desperdício de recursos naturais, contribuindo assim para impactos ambientais negativos. A água utilizada para produzir esses alimentos que são desperdiçados poderia encher 70 milhões de piscinas olímpicas, enquanto a quantidade de terras cultiváveis usadas para essa produção perdida é equivalente ao tamanho do México.

Juntos, os países ricos são responsáveis por 56% de todo o desperdício. Mais da metade das perdas na Europa, nos Estados Unidos, no Canadá e na Austrália ocorre na fase do consumo. Por outro lado, nos países em desenvolvimento, como o Brasil, cerca de dois terços da comida é perdida após a colheita e o armazenamento.

Esses dados representam um sério desafio para a capacidade do planeta de reduzir a fome mundial e ainda satisfazer as necessidades alimentares de uma população global em rápida expansão. Reduzir para metade as taxas atuais de perda de alimentos e desperdício, dizem os autores, poderia reduzir esta lacuna em um quinto. Isso também resultaria em grande economia no uso da água, energia, pesticidas e fertilizantes, e seria um impulso para a segurança alimentar global.

**Os números do desperdício entre o campo e o garfo**

– A quantidade de alimentos perdida ou desperdiçada a cada ano é equivalente a mais da metade da safra de cereais anual do mundo (2,3 bilhões de toneladas em 2009/2010).

– De 1,3 bilhão de toneladas de alimentos desperdiçados, 44% são compostos de frutas e vegetais, os produtos que mais vão para o lixo. Em seguida, aparecem raízes e tubérculos, compondo 20% das perdas; cereais com 19% e leite com 8%.

– 28% das terras agrícolas produzem alimentos que serão jogados fora.

– O desperdício de alimento no Brasil é estimado em 26,3 milhões de toneladas. Cerca de 10% desse total se perde ainda no campo, outros 50% se dão no transporte e manuseio, e 10% da perda acontece na fase de consumo.

– Só nos Estados Unidos, 30% de toda a comida produzida é desperdiçada todos os anos, uma perda equivalente a US$ 48,3 bilhões. Os segundos maiores componentes de lixões do país são resíduos orgânicos, que resultam na maior parte das emissões de metano.

– O desperdício de alimentos na fase de consumo custa uma média de US$ 1.600 por ano para uma família de quatro pessoas nos Estados Unidos e US$ 1 mil por ano para uma família média no Reino Unido.

– Apesar de ser a região que menos desperdiça no mundo, 6%, a América Latina perde todos os anos 80 milhões de toneladas, o que representa 15% de sua produção anual.

– A redução da disponibilidade de alimentos agrava o problema da desnutrição; a cada dia, mais de 20 mil crianças menores de 5 anos morrem de fome.

– Os custos com a desnutrição no mundo são estimados em 2% a 3% do PIB global, o equivalente à quantia de US$ 1,4 a US$ 2,1 trilhões por ano, segundo a FAO.

– Na África Subsaariana, onde muitos agricultores ganham menos que US$ 2 por dia de trabalho, as perdas econômicas associadas à pós-colheita ineficiente têm um valor estimado de US$ 4 bilhões.

– Além dos impactos ambientais, as consequências econômicas diretas do desperdício de alimentos (sem incluir peixes e frutos do mar) atingem US$ 750 bilhões por ano.

– Em termos de calorias, os agricultores colhem o equivalente a 4.600 calorias de alimento por pessoa por dia. Mas, em média, apenas duas mil dessas calorias são realmente consumidas todos os dias.

*Fonte:* FAO, WRI, PNUMA.

## Usos e abusos no campo

Reduzir as perdas entre a plantação e os centros consumidores e, ao mesmo tempo, elevar a produção de forma sustentável, sem aumentar os impactos no meio ambiente, é um desafio e tanto. Para avançar, será preciso superar alguns abusos cometidos pela atividade agrícola, como o desperdício de água na irrigação e a poluição dos recursos hídricos.

A irrigação é uma das técnicas mais antigas desenvolvidas pelo homem, mas foi durante a Revolução Verde que ela ganhou dimensões grandiosas. Com tecnologias mais avançadas, gerou saltos na produtividade agrícola, habilitando muitos países em desenvolvimento a produzir comida para matar a fome de milhões de pessoas desde a década de 1960. Sem ela, não seria possível produzir alimentos em países áridos como Israel, por exemplo, que se tornou líder em gestão de água.

Quando bem-aplicada, a irrigação gera ganhos notáveis, mas o contrário gera efeitos nefastos. Um dos exemplos mais dramáticos do mau uso da técnica é a tragédia do Mar Aral, que já foi considerado o quarto maior lago do mundo. Localizado entre o Cazaquistão e o Uzbequistão, ele está morrendo: antes da década de 1960, tinha 63 mil quilômetros quadrados, quase duas Holandas em extensão, que sustentavam cerca de 60 mil pescadores e produziam 40 mil toneladas de peixe por ano (*O Atlas da Água*, 2005).

Mas aí, seu destino mudou. Naquela década, a União Soviética realizou um grande projeto de desvio das águas nas planícies áridas do Cazaquistão, Uzbequistão e Turcomenistão. Dois principais rios da região, alimentados pelo degelo e precipitação nas montanhas distantes, foram utilizados para transformar o deserto em fazendas de algodão e outras culturas. Antes do projeto, os rios Amu Dária e Sir Dária desciam das montanhas, cortavam o noroeste através do deserto Kyzylkum e, finalmente, reuniam-se na parte mais baixa da bacia, alimentando o Aral. Os desvios ao longo dos anos reduziram a afluência de ambos os rios a zero. Com a morte agonizante do lago, a pesca comercial chegou ao fim em 1980 e boa parte das populações que dependiam da atividade abandonaram suas casas e partiram. O mar tem hoje 10% de seu tamanho anterior. Sua água está cada vez mais salgada e contaminada com fertilizantes e pesticidas. Embora a irrigação tenha feito florescer o deserto, ela devastou o Mar de Aral.

Apesar de emblemática, essa tragédia não é o único exemplo dos abusos cometidos. Um mau planejamento da construção de reservatórios e barragens para fornecer água para irrigação, geração de energia e controle de enchentes, reserva riscos potenciais. Megaobras dessa natureza deslocam milhares de pessoas, que são obrigadas a mudar de vida.

Ainda que cumpram com o objetivo de proteger uma determinada área, esses projetos podem aumentar as inundações a jusante, o que precisa ser levado em conta. Quando uma barragem rompe por algum dano em sua estrutura, um volume imenso de água atinge os rios, que muitas vezes não dão conta do alto fluxo e acabam por provocar enchentes, que geram danos às cidades. Exemplos não faltam. O mais recente é o do rompimento de uma barragem particular de médio porte situada no rio Irani, em Ponte Serrada, no oeste de Santa Catarina, no final de junho. De acordo com a mídia local, o tempo chuvoso e o excesso de água provocou o rompimento da estrutura, gerando inundações que afetaram pelo menos 30 cidades (G1, 27/06/2014).

As inundações estão entre os principais problemas relacionados à "insustentabilidade" dos regimes de irrigação e drenagem. Mas há outros, como a salinização, que afeta especialmente regiões áridas e semiáridas. Se bem-feita, a irrigação aumenta a produtividade, mas quando malfeita pode comprometer a qualidade da terra. Cada solo possui uma certa quantidade de sais, e a irrigação traz mais sais, aumentando a concentração na terra. Sem uma drenagem adequada, ela vai se tornando mais salina, até um ponto em que prejudica o próprio cultivo. Estima-se que 30% da terras irrigadas no mundo sofram com este problema.

É claro que o que está em questionamento aqui não é a técnica em si, mas a forma como ela é aplicada, sujeita a falhas, sejam elas conscientes ou não. A irrigação continua promovendo ganhos de produtividade e será indispensável para atender à demanda mundial crescente por alimentos. Rios, lagos e aquíferos são as fontes de água dessa atividade. Segundo dados da organização das Nações Unidas para a Agricultura e a Alimentação (FAO), cerca de 188 milhões de hectares (62% da área irrigada no mundo) são irrigados a partir de águas de superfície, e 113 milhões de hectares (38%), a partir de águas subterrâneas (FAO, 2011).

## Irrigação no Brasil

No Brasil, a agricultura irrigada, embora seja utilizada em apenas 8,3% da área plantada (ante 17% da média mundial), é responsável por cerca de 1/5 da produção agrícola, segundo os dados disponíveis mais recentes (ANA, 2013). São 5,8 milhões de hectares adaptados à técnica, que representam 2% das áreas irrigadas do mundo. No *ranking* global da irrigação, o Brasil aparece em nono lugar. Índia, China e Estados Unidos possuem metade das terras irrigadas (ver tabela). Fonte: FAO, 2013 e ANA, 2013.

| PAÍS | ÁREA IRRIGADA (X 1000 HA) | % MUNDIAL |
|---|---|---|
| 1 – Índia | 66.334 | 21 |
| 2 – China | 62.929 | 20 |
| 3 – Estados Unidos | 26.644 | 9 |
| 4 – Paquistão | 19.990 | 6 |

| | | |
|---|---|---|
| 5 – Irã | 8.700 | 3 |
| 6 – Indonésia | 6.722 | 2 |
| 7 – México | 6.460 | 2 |
| 8 – Tailândia | 6.415 | 2 |
| 9 – Brasil | 5.798 | 2 |
| 10 – Turquia | 5.340 | 2 |
| Outros | 95.571 | 31 |
| Total | 310. 912 | 100 |

As taxas de irrigação no Brasil variam de região para região: o Sudeste lidera, respondendo por um terço de toda a área irrigada do país. Fonte:ANA, 2013

| REGIÃO | Área irrigada (x1000 ha) | % NACIONAL |
|---|---|---|
| Sudeste | 2.201 | 38,0 |
| Sul | 1.292 | 22,3 |
| Nordeste | 1.239 | 21,4 |
| Centro-Oeste | 861 | 14,8 |
| Norte | 205 | 3,5 |
| Brasil | 5.798 | 100 |

De olho no potencial de expansão para a irrigação no país, estimado em 29,5 milhões de hectares (hoje, explora-se menos de 20% disso), o Brasil aprovou em 2013 a nova Política Nacional de Irrigação. A Lei nº 12.787 avança ao demonstrar a preocupação com a sustentabilidade da prática da irrigação e impactos nos recursos hídricos. Vejamos o que diz alguns dos seus princípios: "Art. 3º da Lei nº 12.787/2013: I – uso e manejo sustentável dos solos e dos recursos hídricos destinados à irrigação; II – integração com as políticas setoriais de recursos hídricos, de meio ambiente, de energia, de saneamento ambiental, de crédito e seguro rural e seus respectivos planos, com prioridade para projetos cujas obras possibilitem o uso múltiplo dos recursos hídricos; e III – articulação entre as ações em irrigação das diferentes instâncias e esferas de governo e entre estas e as ações do setor privado", dentre outros.

Tais premissas são reforçadas nos dois primeiros incisos do artigo seguinte; o segundo demonstra atenção às mudanças climáticas: "Art. 4º: I – incentivar a ampliação da área irrigada e o aumento da produtividade em bases ambientalmente sustentáveis; II – reduzir os riscos climáticos inerentes à atividade agropecuária, principalmente nas regiões sujeitas a baixa ou irregular distribuição de chuvas".

No mesmo ano, o governo brasileiro lançou o Programa Mais Irrigação, que prevê investimentos de R$ 10 bilhões em recursos federais e parcerias com a iniciativa privada, para aumentar a eficiência das áreas irrigáveis e incentivar a criação de polos de desenvolvimento, envolvendo as comunidades locais.

Existe uma tendência, portanto, de incremento no consumo de água pelo setor agrícola no Brasil. Ao mesmo tempo, como quarto maior produtor de alimentos no mundo e possuidor de 12% das reservas de água doce do planeta, o Brasil terá importante papel para saciar as demandas futuras por produtos agrícolas. Algumas análises apontam, inclusive, que os países que sofrem escassez hídrica deverão reduzir as atividades intensivas em água, como o cultivo de alimentos, e passar a importar mais esses produtos, a fim de preservar suas fontes de água.

Para cumprir estes desígnios, a agricultura brasileira tem o desafio de se tornar mais sustentável em termos ambientais, melhorando o uso da água na irrigação, bem como gerenciando com mais parcimônia a aplicação de agroquímicos a fim de reduzir a contaminação ambiental, especialmente a dos recursos hídricos.

A implementação de técnicas de racionalização do uso da água na irrigação do arroz no Estado do Rio Grande do Sul é exemplo do potencial de economia deste recurso. Segundo dados da ANA, no período entre 1960 e 1970, o consumo de água por hectare era de 17 mil metros cúbicos de água, o que produzia três mil quilos do cultivo.

Na conversão, para cada quilo de arroz gastava-se 5,7 metros cúbicos de água. Entre 1980 e 1990, essa relação passou para 2,4 metros cúbicos por quilo. Finalmente, de 2000 a 2012, chegou a um por um: para cada quilo de arroz produzido foi gasto um metro cúbico de água. Isso foi alcançado graças à incorporação de tecnologias e processos mais eficientes de gestão do uso da água.

## Revolução a conta-gotas

Há espaço para mais. Uma das técnicas que vem crescendo no Brasil é a irrigação por gotejamento. O sistema consiste na aplicação de pequenas quantidades de água diretamente no solo, perto das raízes das plantas, por meio de mangueiras com pequenos furos (gotejadores), o que reduz desperdícios e gera ganhos colossais em economia de água.

Este método de irrigação é usado no semiárido baiano, no perímetro de Mandacaru, onde crescem manga, cebola, melão e cana de açúcar. A área irrigada total é de quase 800 hectares; metade disso é dividido em 52 lotes entre pequenos agricultores. Com a aplicação do gotejamento, houve economia de aproximadamente 50% do total de água utilizada. De quebra, algumas culturas apresentaram saltos consideráveis de produtividade, como o melão, por exemplo, de 400%, e a cebola, de 200% (Portal Brasil/Ministério da Integração). Além de levar água para as plantas, essa técnica também carrega nutrientes, produtos químicos como fungicida e compostos para adubação. E faz isso com mais precisão, o que reduz desperdícios e evita abusos na aplicação, reduzindo os impactos no meio ambiente.

Outro exemplo do potencial da irrigação por gotejamento vem da cana-de-açúcar. A aplicação dessa técnica em uma das culturas agrícolas mais sedentas foi tema da edição de junho de 2014 do *Jornal da Bioenergia*, publicação especializada do setor. Cerca de 19 mil hectares dos canaviais brasileiros contam com o sistema. Segundo a empresa consultada, a aplicação da técnica não só diminui o consumo de água como aumenta em até 50% a produtividade e expande a vida útil do canavial para até 12 anos; em média, a renovação ocorre na metade desse tempo. São ganhos notáveis, que não devem ser ignorados em um país que tem na cana-de-açúcar uma poderosa fonte de produção de energia, o etanol.

O exemplo máximo da revolução a conta-gotas, no entanto, vem de fora de Israel, país que inventou a técnica de irrigação por gotejamento no início dos anos 1960 e conseguiu domar seu território desértico para produzir alimento. Lá, o sistema é aplicado a cerca de 80% das áreas irrigadas. E mais: oito de cada dez litros de água utilizada na irrigação em Israel é de reuso, ou seja, provém de um tratamento especial do esgoto da cidade. Lá, água não se perde, se transforma.

## POLUIÇÃO AGRÍCOLA

Como o maior consumidor de recursos hídricos do planeta, a agricultura é, sem dúvida, vítima potencial dos problemas relacionados à água. Mas também é uma tremenda vilã. Se os desperdícios e abusos praticados pela atividade comprometem a quantidade disponível deste recurso, a descarga de poluentes e produtos químicos pela lixiviação afeta a qualidade da água. A poluição hídrica, causada por agrotóxicos, fertilizantes e outros produtos agroquímicos que escoam para os lençóis freáticos, contaminando rios, lagos e reservas subterrâneas, é um problema crescente em todo o mundo.

Os fertilizantes tradicionais aplicados no solo para estimular o crescimento dos cultivos agrícolas possuem substâncias como fosfatos e nitratos, que quando atingem lagos e outros corpos hídricos causam um verdadeiro estrago. Ao bombardear de nutrientes o meio aquático, esses elementos estimulam o crescimento e a multiplicação de algas.

Neste processo, as algas absorvem mais e mais oxigênio, ao ponto em que a concentração de oxigênio no meio se torna pequena demais para sustentar outras formas de vida aquática, como os peixes, que acabam morrendo por asfixia. Este fenômeno, causado pelo excesso de nutrientes e que provoca proliferação das algas, chama-se "eutrofização" e tem o poder de desequilibrar ecossistemas. Efluentes domésticos e industriais também contribuem para o problema, que já virou a nova ecocrise chinesa (ver box).

Não para aí. Na agropecuária, os impactos do escoamento incluem contaminação por agentes patogênicos presentes nos dejetos animais, o que pode desencadear uma séria de doenças de veiculação hídrica, apresentando graves riscos à saúde. A expansão das atividades no campo, em muitos casos, aumenta ainda as taxas de desmatamento, suprimindo coberturas florestais que dificultavam a penetração desses contaminantes nos cursos de água, aumentando sua concentração nos lençóis freáticos.

**Poluição do solo por nitrogênio é a nova ecocrise chinesa?**

*Nutriente que serviu de pilar da "Revolução Verde" na agricultura está se transformando em um vilão ambiental. Estudo indica que a poluição por nitrogênio cresceu 60% em 30 anos.*

São Paulo – Em meio à poluição atmosférica recorde que assola a China, o país enfrenta outra crise ambiental pouco conhecida e praticamente invisível: a contaminação do solo por nitrogênio. Segundo um estudo publicado pela revista *Nature*, a poluição por nitrogênio aumentou 60% em 30 anos no país, o que representa uma ameaça para os ecossistemas e a saúde humana. Dentre as diversas formas de nitrogênio presentes no meio ambiente, a principal preocupação dos pesquisadores é com a amônia ($NH_3$) e o nitrato ($NO_3$). O acúmulo dessas substâncias na natureza deriva principalmente do uso indiscriminado de fertilizantes sintéticos, além das emissões causadas pelo transporte e indústria. Em alta concentração, esses poluentes podem levar à perda da biodiversidade, reduzir o crescimento das plantas, poluir o lençol freático e acidificar o solo. Desde 1990, a China tornou-se o maior consumidor de fertilizantes nitrogenados do mundo que, apesar de ajudarem no crescimento rápido do cultivo, aumentando a oferta de alimentos, também poluem e deterioram o solo quando usados de forma indiscriminada. A pesquisa aponta que a deposição de nitrogênio no solo do país subiu anualmente 8 kg por cada 10 mil $m^2$ de terra entre 1980 e 2010. Grosso modo, o nutriente que serviu de pilar da "Revolução Verde" na agricultura, matando a fome de milhões de pessoas a partir da década de 1960, está se transformando em um verdadeiro vilão ambiental [..].

*Fonte:* Exame.com – 21/02/2013

## AGRO(TÓXICOS)

Agrotóxicos, defensivos agrícolas, praguicidas, pesticidas, biocidas...São vários os nomes das substâncias usadas na agricultura para o mesmo fim: matar bactérias, fungos, ervas daninhas, insetos, roedores e quaisquer organismos que possam danificar colheitas, diminuindo a quantidade e qualidade dos produtos alimentares. O uso destes produtos na atividade agrícola coincide com a expansão da moderna indústria química, que tem transformado a sociedade desde os anos 1950. Em áreas onde a monocultura intensiva era praticada, pesticidas foram usados como um método padrão para controle de pragas, e continuam até hoje.

Infelizmente, com os benefícios da química também surgem inconvenientes, alguns tão graves que ameaçam a sobrevivência a longo prazo dos principais ecossistemas pela ruptura das relações predador-presa e perda de biodiversidade. Pela sua natureza, eles são potencialmente tóxicos para outros organismos, incluindo os seres humanos, e precisam ser usados com segurança e dispostos adequadamente (OMS).

De acordo com o Pesticide Action Network UK (Pan), parte de um grupo global com mais de 600 organizações que fazem campanha contra o uso de agrotóxicos, armazenamentos irregulares e abusos são uma ameaça no mundo em desenvolvimento. Em seu relatório de 2010 (*Comunidades em perigo: relatório global sobre os impactos na saúde da utilização de pesticidas na agricultura)*, o grupo estima o número de afetados no mundo entre 1 milhão e 41 milhões de pessoas, com 99% das mortes em países em desenvolvimento. O grupo diz que devido à subnotificação de casos, o número de mortes por intoxicação por agrotóxicos em todo o mundo só pode ser estimado.

Envenenamentos resultam de várias causas. Nos países em desenvolvimento, onde há regulação insuficiente, os casos de intoxicação relacionam-se à ausência de sistemas de vigilância, baixa fiscalização, acesso inadequado aos sistemas de informação, falta de preparo para o manejo, equipamentos de proteção individual malconservados ou inexistentes e até mesmo a suicídios, o que caracteriza um uso deliberado do produto.

Alguns pesticidas são caracterizados por serem muito persistentes no meio ambiente, por isso podem representar um perigo a longo prazo, pois se acumulam na cadeia alimentar. Os seres humanos, e em especial os bebês em fase de amamentação, estão no topo da cadeia alimentar, o que nos torna suscetíveis a ingerir toda sorte de substâncias químicas que foram se acumulando.

## O vício químico do Brasil

O Brasil é um dos maiores consumidores de pesticidas no mundo. Seu uso intensivo de defensivos agrícolas na produção de alimentos tem gerado preocupações no âmbito da saúde pública. Um estudo do Instituto de Saúde Coletiva da Universidade Federal do Mato Grosso (UFMT) encontrou resquícios de agrotóxicos em leite humano de mães residentes em Lucas do Rio Verde, cidade de 45 mil habitantes no Mato Grosso e segundo maior produtor de grãos do Estado. A pesquisa analisou 62 mostras de leite materno de mães que tiveram filhos de 2007 a 2010 e em todas encontrou a presença de agrotóxicos. O mais recorrente foi o Endosuflan, que prejudica os sistemas endócrino e reprodutivo dos seres vivos, presente em 44% das amostras.

Segundo a autora do estudo, a bióloga Danielly Cristina A. Palma, "independente do local de residência das nutrizes, quanto à distância das lavouras, as mesmas estão expostas aos efeitos dos agrotóxicos, devido à localização do município em relação às lavouras e possivelmente foram contaminadas através dos alimentos e componentes ambientais (ar, água, solo)".

A contaminação por esses produtos é facilitada pela forma como eles são aplicados nas monoculturas da região – através de pulverizações por tratores e aviões agrícolas, que geram névoas de agrotóxicos. É uma verdadeira chuva tóxica que atinge não apenas as pragas, mas também os trabalhadores, moradores, os ecossistemas e toda sorte de vida que estão no entorno das lavouras.

Em sua dissertação de mestrado, intitulada "Agrotóxicos em leite humano de mães residentes em Lucas do Rio Verde-MT", Danielly destaca que a população do município está exposta a 136,35 litros de agrotóxicos habitante/ano, trinta e sete vezes maior que a média nacional, que é de 3,66 litros por habitante. Já a exposição da população de Mato Grosso, um dos Estados líderes na produção agrícola brasileira, é estimada em 29,80 litros por habitante, oito vezes maior que a média nacional.

Os efeitos dessa exposição absurda a venenos agrícolas é amplamente conhecida e relatada na literatura científica. A lista de problemas para saúde varia de simples tonteiras, dores de cabeça ou alergias, até lesões hepáticas e renais, cânceres, alterações genéticas e, em casos de contaminação aguda, até a morte. Estes efeitos podem surgir a curto e longo prazo, dependendo das formas de contato. Um trabalhador rural está mais exposto à contaminação direta do que o morador da cidade, por exemplo. Mas um bebê em fase de desenvolvimento é ainda mais vulnerável aos efeitos nefastos destes químicos.

O uso intensivo e crescente de agrotóxicos na produção de alimentos nacional é alvo frequente de escrutínio público. Em 2012, a Associação Brasileira de Saúde Coletiva (Abrasco) produziu um dossiê que, segundo suas próprias palavras, "registra e difunde a preocupação de pesquisadores, professores e profissionais com a escalada ascendente de uso de agrotóxicos no país e a contaminação do ambiente e das pessoas dela resultante, com severos impactos sobre a saúde pública".

O documento apontou que na safra de 2011, no Brasil, foram plantados 71 milhões de hectares de lavoura temporária (soja, milho, cana, algodão) e permanente (café, cítricos, frutas, eucaliptos). Isso corresponde a cerca de 853 milhões de litros de agrotóxicos pulverizados nessas lavouras, principalmente de herbicidas, fungicidas e inseticidas, representando média de uso de 12 litros por hectare e exposição média (ambiental/ocupacional/alimentar) de 4,5 litros de agrotóxicos por habitante.

Regiões líderes em monoculturas de soja, milho, cana, cítricos, algodão e arroz apresentaram as maiores concentrações de utilização de agrotóxicos. Segundo o dossiê, Mato Grosso encabeça o *ranking*, com 18,9% do consumo de defensivos, seguido de São Paulo (14,5%), Paraná (14,3%) e Rio Grande do Sul (10,8%).

## PERIGO À MESA

A exposição aos agrotóxicos no país extrapola as fronteiras do campo. Análise da Vigilância Sanitária (Anvisa) encontrou níveis elevados de resíduos agrotóxicos em um terço das frutas, dos vegetais e das hortaliças analisadas entre 2011 e 2012. Pior: um a cada três exemplares avaliados apresentou ingredientes ativos não autorizados, entre eles dois agrotóxicos que nunca foram registrados no Brasil: o azaconazol e o tebufempirade, o que sugere que eles tenham entrado por contrabando. A análise também considerou como "não autorizado" agrotóxicos que têm uso permitido por aqui, mas para determinadas culturas e não outras. Ocorre, por exemplo, de um alimento receber um agrotóxico liberado para uma outra variedade agrícola.

Os resultados do Programa de Análise de Resíduos de Agrotóxicos em Alimentos (ver tabela abaixo) mostram que é preciso investir na formação dos produtores rurais e no acompanhamento do uso de agrotóxicos, destaca a Agência. Um ponto positivo, no entanto, é que vem aumentado a capacidade dos órgãos locais em identificar a origem do alimento e permitir que medidas corretivas sejam adotadas. Em 2012, aponta a pesquisa, 36% das amostras puderam ser rastreadas até o produtor e 50% até o distribuidor do alimento.

**Os alimentos campeões do agrotóxico no Brasil**

**1. Pimentão**

- Número de amostras analisadas: 213
- Total de insatisfatórios na amostra: 89%
- Porcentagem com defensivo não autorizado: 84%

– Amostras com ingredientes autorizados, mas acima dos limites máximos permitidos: 0,9%

*Total acima do limite: 4,7%

**2. Cenoura**

– Número de amostras analisadas: 152

– Total de insatisfatórios na amostra: 67%

– Porcentagem com defensivo não autorizado: 67%

– Amostras com ingredientes autorizados, mas acima dos limites máximos permitidos: 0%

*Total acima do limite: 0%

**3. Morango**

– Número de amostras analisadas: 211

– Total de insatisfatórios na amostra: 59%

– Porcentagem com defensivo não autorizado: 80%

– Amostras com ingredientes autorizados, mas acima dos limites máximos permitidos: 13%

*Total acima do limite: 32%

**4. Pepino**

– Número de amostras analisadas: 200

– Total de insatisfatórios na amostra: 44%

– Porcentagem com defensivo não autorizado: 36%

– Amostras com ingredientes autorizados, mas acima dos limites máximos permitidos: 5,0%

*Total acima do limite: 3,5%

**5. Alface**

– Número de amostras analisadas: 134

– Total de insatisfatórios na amostra: 43%
– Porcentagem com defensivo não autorizado: 41%
– Amostras com ingredientes autorizados, mas acima dos limites máximos permitidos: 0,7%
*Total acima do limite: 1,5%

**6. Abacaxi**
– Número de amostras analisadas: 210
– Total de insatisfatórios na amostra: 41%
– Porcentagem com defensivo não autorizado: 39%
– Amostras com ingredientes autorizados, mas acima dos limites máximos permitidos: 1%
*Total acima do limite: 0%

**7. Laranja**
– Número de amostras analisadas: 227
– Total de insatisfatórios na amostra: 28%
– Porcentagem com defensivo não autorizado: 26%
– Amostras com ingredientes autorizados, mas acima dos limites máximos permitidos: 1%
*Total acima do limite: 1%

**8. Uva**
– Número de amostras analisadas: 41
– Total de insatisfatórios na amostra: 27%
– Porcentagem com defensivo não autorizado: 20%
– Amostras com ingredientes autorizados, mas acima dos limites máximos permitidos: 5,3%
– Acima do limite e não autorizado: 4%

**9. Mamão**

- Número de amostras analisadas: 191
- Total de insatisfatórios na amostra: 20%
- Porcentagem com defensivo não autorizado: 10%
- Amostras com ingredientes autorizados, mas acima dos limites máximos permitidos: 4,3%

*Total acima do limite: 2,1%

**10. Arroz**

- Número de amostras analisadas: 162
- Total de insatisfatórios na amostra: 16%
- Porcentagem com defensivo não autorizado: 16%
- Amostras com ingredientes autorizados, mas acima dos limites máximos permitidos: 0%

*Total acima do limite: 0%

(* Resíduos de produtos não autorizados, ou autorizados, mas em concentrações acima do Limite Máximo de Resíduo)

*Fonte:* Programa de Análise de Resíduos de Agrotóxicos em Alimentos, da Anvisa

## Contaminação das águas subterrâneas

A contaminação por agrotóxicos das águas subterrâneas é um assunto de importância nacional. É nos reservatórios subterrâneos que pelo menos metade da população brasileira retira a água potável de que necessita para suas atividades domésticas. Isto diz respeito especialmente às pessoas que vivem nas áreas agrícolas, onde os pesticidas são mais frequentemente utilizados.

Os pesticidas podem atingir os aquíferos a partir da infiltração no solo ou da água de superfície contaminada, derramamentos e vazamentos acidentais e descarte inadequado de embalagens. No Brasil, cidades como Ribeirão Preto (SP), Maceió (AL), região metropolitana de Recife (PE), Mossoró e Natal (RN), e Barreiras (BA) dependem quase exclusivamente das águas subterrâneas para suprir suas necessidades.

Apesar disso, existe um buraco negro na legislação brasileira quanto à normatização e às restrições ao uso de agrotóxicos frente à possibilidade de contaminação das águas subterrâneas, o que confere tons ainda mais sombrios ao uso indiscriminado desses produtos nas lavouras do país.

Esta lacuna chamou a atenção do advogado Paulo EngelViera, que abordou o problema em sua tese de mestrado em Direito Ambiental da Escola Superior Dom Helder Câmara, em 2013. No trabalho intitulado "A Teoria da Agroartificialidade e o uso de agrotóxicos no Brasil: uma releitura da tutela jurídica das águas subterrâneas", Viera defende que o agricultor realize uma avaliação de impacto ambiental, que contemple "as características do solo onde o veneno será aplicado, a proximidade desta área em relação à possíveis nascentes e olhos d'água, e a sua inserção ou não sobre zonas de influências, zonas de contribuição ou zonas de transporte, em conjugação com o tipo de agrotóxico a ser utilizado".

A preocupação pertinente reflete o descaso com que tem sido tratada a urgente necessidade de proteção às reservas subterrâneas. Exemplo recente disso vem de uma polêmica envolvendo órgãos ambientais, ativistas, ruralistas e o aquífero Guarani, um dos maiores reservatórios de água doce subterrânea do planeta.

Segundo notícia veiculada em março de 2014 pelo jornal *Estado de S. Paulo*, o Conselho Estadual do Meio Ambiente (Consema) aprovou o plano de manejo da Área de Proteção Ambiental (APA) Botucatu, na região central do Estado de São Paulo, mantendo a permissão do uso de agrotóxicos em uma das principais zonas de recarga do aquífero Guarani. A reportagem acrescenta que "a restrição ao emprego de pesticidas e defensivos agrícolas nessas áreas, proposta por entidades ambientais, foi retirada do documento por pressão de prefeitos e grupos empresariais. Ambientalistas afirmam que a medida põe em risco o aquífero em um momento em que o Estado enfrenta sua maior crise hídrica".

Em 2011, uma pesquisa realizada pela Funep (Fundação de Apoio a Pesquisa, Ensino e Extensão) e pelo Daerp (Departamento de Água e Esgoto de Ribeirão Preto), em parceria com a Unaerp (Universidade de Ribeirão Preto – SP), encontrou traços de diuron e hexazinona, dois herbicidas usados na produção de cana-de-açúcar, em amostras de água de um poço artesiano na zona leste da cidade, onde o aquífero Guarani é menos profundo. As quantias encontradas eram da ordem de trilionésimo de grama, uma taxa bem inferior ao considerado perigoso para o consumo humano pelo padrão europeu. Mas os pesquisadores temem que a contaminação seja maior. Ainda são poucos os estudos que avaliam a poluição de águas subterrâneas por agrotóxicos no Brasil. E como inexiste, ainda, uma regulação a respeito do assunto, o uso indiscriminado dessas substâncias representa ameaça crescente ao meio ambiente e à saúde pública.

## FLEXIBILIZAÇÃO

Se a legislação e seus agentes às vezes tardam em acompanhar a evolução dos riscos associados ao uso intensivo de agrotóxicos, quando o assunto é "flexibilização" das regras existentes, o espírito parece ser de pressa. Em 2013, de um tacada só, a aprovação da Lei nº 12.873 e o Decreto nº 8.133 da presidente Dilma Rousseff facilitaram a importação de agrotóxicos não utilizados no país em casos de "emergência" envolvendo pragas sem precisar passar por avaliação prévia dos órgãos reguladores brasileiros. A nova lei autorizou o Poder Executivo a declarar "estado de emergência fitossanitária ou zoossanitária, quando for constatada situação epidemiológica que indique risco iminente de introdução de doença exótica ou praga quarentenária ausente no país, ou haja risco de surto ou epidemia de doença ou praga já existente". E o decreto assinado por Dilma concedeu ao Ministério da Agricultura, Pecuária e Abastecimento (Mapa) o direito de declarar estado de emergência.

As mudanças vieram ao encontro da demanda por soluções para sanar a expansão avassaladora da lagarta *Helicoverpa armigera* em plantações de soja. Na esteira das novas regras, em novembro, o oeste da Bahia foi declarado em estado de emergência fitossanitária pelo Mapa. Para combater a lagarta, o Ministério publicou a Portaria nº 1.109, liberando a importação da substância benzoato de emamectina, agrotóxico até então proibido no Brasil.

A flexibilização da legislação que regula o uso de agrotóxicos atraiu críticas de ambientalistas e pesquisadores brasileiros. Em fevereiro de 2014, o Conselho Diretor da Fundação Oswaldo Cruz (Fiocruz) publicou uma carta aberta à sociedade condenando veementemente a medida.

O texto alerta para os riscos advindos das mudanças na lei e reforça como estudos científicos têm comprovado os danos provocados pelos agrotóxicos à saúde das populações, afetando sobretudo segmentos sociais de grande vulnerabilidade, como moradores e trabalhadores de áreas rurais, populações indígenas, quilombolas e ribeirinhas.

Leia, abaixo, trechos da *Carta aberta da Fiocruz frente às atuais mudanças na regulação de agrotóxicos e perdas para saúde pública:*

> A crescente pressão dos conglomerados econômicos de produção de agroquímicos para atender as demandas do mercado (agrotóxicos,

fertilizantes/micronutrientes, domissanitários) e de *commodities* agrícolas, tem resultado numa tendência de supressão da função reguladora do Estado. As legislações recentemente publicadas e os correspondentes projetos de lei em tramitação, ao flexibilizarem a função regulatória do Estado, tendem a desproteger a população dos efeitos nocivos inerentes aos agrotóxicos, principalmente, e de maneira mais grave, àqueles segmentos sociais de maior vulnerabilidade: trabalhadores e moradores de áreas rurais, trabalhadores das campanhas de saúde pública e de empresas de desinsetização, populações indígenas, quilombolas e ribeirinhas. A literatura científica internacional é inequívoca quanto aos riscos, perigos e danos provocados à saúde pelas exposições agudas e crônicas aos agrotóxicos, particularmente entre os trabalhadores e comunidades rurais que estão sistematicamente expostos a estes produtos, inclusive por meio de pulverizações aéreas de eficácia duvidosa. A Fundação Oswaldo Cruz, enquanto uma das principais instituições de produção tecnológica, pesquisa, ensino técnico e pós-graduado em saúde do país, tem o compromisso de produzir conhecimento para a proteção, promoção e cuidado da saúde. Na questão específica do tema agrotóxicos, em perspectiva interdisciplinar, a Fiocruz historicamente oferta cursos e desenvolve pesquisas voltadas para o aprimoramento da gestão pública; realiza diagnóstico de agravos de interesse da saúde pública; implementa programas inovadores de vigilância; desenvolve e a aplica metodologias de monitoramento e avaliação toxicológica, epidemiológica e social; e realiza a investigação de indicadores preditivos de danos e a comunicação científica. [...] [...] Este processo em curso de desregulação sobre os agrotóxicos que atinge especialmente o setor saúde e ambiental no Brasil, está associado aos constantes ataques diretos do segmento do agronegócio às instituições e seus pesquisadores que atuam em cumprimento às suas atribuições de proteção à saúde e ao meio ambiente. [...] Ante o exposto, a Fundação Oswaldo Cruz contesta a Lei que permite o

> registro temporário no País em casos de emergência fitossanitária ou zoossanitária sem avaliação prévia dos setores reguladores da saúde e do meio ambiente (Lei nº 12.873/13 e o Decreto nº 8.133/13), pugnando por sua revogação imediata. A Fiocruz se coloca também contrária a outros Projetos de Lei que tenham o mesmo sentido, como o PL nº 209/2013 do Senado que pretende retirar definitivamente ou mesmo restringir a atuação das áreas de saúde e meio ambiente do processo de autorização para registro de agrotóxicos no Brasil. [...] A Fiocruz convoca a sociedade brasileira a tomar conhecimento sobre essas inaceitáveis mudanças na lei dos agrotóxicos e suas repercussões para a saúde e a vida.

## DESAFIO FUTURO: MUDANÇAS DE HÁBITOS À VISTA?

Diariamente, quase um bilhão de mulheres, homens e crianças vão dormir com fome, enquanto dez milhões morrem por desnutrição a cada ano. Se ainda hoje o mundo não conseguiu sanar esse mal, que afeta um em cada sete de seus habitantes, como é que vamos alcançar a segurança alimentar para uma população que em 2050 chegará a nove bilhões de pessoas? E como faremos isso sem pressionar os recursos, principalmente a água, nem comprometer a saúde do meio ambiente e dos seres humanos? Alguns dos caminhos já foram vistos: reduzir o desperdício, melhorar a gestão da água nas atividades agrícolas e controlar o uso desgovernado de pesticidas, buscando novas formas de produzir mais alimentos com menos veneno.

Há, contudo, uma série de estudos que apontam soluções mais, digamos, revolucionárias. Um estudo realizado pelo Stockholm International Water Institute (SIWI), e divulgado na Suécia por ocasião da Semana Mundial da Água em 2012, mostra que a solução para evitar uma catástrofe alimentar causada pela escassez de água passará por uma mudança quase completa de uma dieta à base de carne para uma mais centrada em vegetais.

O relatório *Alimentando um mundo sedento: Desafios e Oportunidades para a segurança hídrica e alimentar* indica que não haverá água suficiente para alcançar a produção esperada em 2050 se seguirmos com a dieta característica dos países ocidentais, em que a proteína animal responde por pelo menos 20% das calorias diárias consumidas por um indivíduo.

Na ponta do lápis, de acordo com os cientistas, a adoção de uma dieta vegetariana é atualmente uma opção para aumentar a quantidade de água disponível para produzir mais alimentos e reduzir os riscos de desabastecimento em um mundo que sofre com extremos do clima, como a seca histórica que afeta os Estados Unidos. O motivo é que a dieta vegetariana consome de cinco a dez vezes menos água que a de proteína animal – que hoje demanda um terço das terras aráveis do mundo só para o cultivo de colheitas para alimentar os animais. "A capacidade de um país de produzir alimentos é limitada pela quantidade de água disponível em suas áreas de cultivo", ressalta um trecho do relatório, que alerta sobre a pressão atual e crescente sobre esse recurso natural usado de forma cada vez mais insustentável.

## COMER INSETOS (E A SUSPENSÃO DO FATOR "ECA")

Outra fonte de nutrição inexplorada que pode ajudar a endereçar a insegurança alimentar global são os insetos. Para muitos, comer insetos pode parecer um hábito exótico. Mas um estudo recente da ONU apontou a entomofagia, a dieta à base desses bichinhos ricos em proteína, como alternativa à produção de carne, que demanda grande quantidade de terra e outros recursos.

A publicação *Insetos comestíveis: perspectivas futuras para a segurança alimentar e alimentação* salienta não só o valor nutricional dos insetos, mas também os benefícios que a agricultura à base desses bichinhos poderia ter sobre o meio ambiente e para enfrentar a crescente demanda por alimentos em todo o mundo.

Insetos são ricos em proteína, gordura e minerais. Eles podem ser comidos inteiros ou moídos em um pó ou em pasta e incorporados a outros alimentos. Embora não sejam figurinhas frequentes nos pratos da cozinha ocidental, os insetos suplementam as dietas de cerca de 2 bilhões de pessoas, a maioria da Ásia e África. Alguns dos insetos mais consumidos incluem besouros, lagartas, abelhas, vespas, formigas, gafanhotos e grilos.

Radicais ou não, todos os caminhos para aliviar nosso "sobrepeso" no planeta passam pela decisão do que escolhemos colocar no prato. Cortar desperdícios, reaproveitar antes de descartar, aumentar o consumo de vegetais e comer menos carne, optar por produtos livres de agrotóxicos, dar uma chance ao besouro frito são todas opções que cabem a nós, consumidores fazer. Afinal, temos a faca e o garfo nas mãos.

# ÁGUA E INDÚSTRIA: FAZENDO MAIS COM MENOS

A água é crucial para a economia. Praticamente todos os setores da agricultura, produção indústrial de alimentos, bebidas e vestuário, passando pela mineração, siderurgia, geração de petróleo, gás e energia elétrica até a fabricação de computadores e *smartphones* dependem dela. No entanto, a água está cada vez mais escassa em todo o mundo e tudo indica que vai se tornar ainda mais no futuro. A crescente demanda, a deterioração de sua qualidade e disponibilidade geram desafios para as empresas e investidores que tradicionalmente tomam como garantido o acesso à água limpa, confiável e de baixo custo.

Em pouco tempo, tudo pode mudar. E já está mudando... Em meio à crise hídrica na maior economia do Brasil, a ameaça de racionamento é motivo de preocupação para grande parte das indústrias paulistas. Em pesquisa, 67,6% das 413 indústrias ouvidas pela Federação e Centro das Indústrias do Estado de São Paulo (Fiesp e Ciesp) disseram temer a adoção da medida ainda em 2014, frente ao risco de sofrer perdas de faturamento (ver box da página 104).

Na média, a indústria utiliza 20% de toda a água doce consumida no mundo. É o segundo maior uso do recurso, atrás do agrícola (70%) e à frente do uso doméstico (10%). Isso pode variar de um país para outro – nos de maior renda, a demanda de água pela indústria passa de 50%. Mas à medida que mais países se indústrializam, maior será a utilização de água para atender a uma população em ascensão econômica e ávida por bens de consumo.

Ao mesmo tempo, a indústrialização, o crescimento populacional e as mudanças nos padrões de consumo trazem consigo o risco do aumento da poluição das águas. Muitas empresas despejam seus efluentes industriais, cheios de substâncias e poluentes nocivos, diretamente em rios e lagos, sem nenhum tratamento. A natureza pode dar conta de filtrar pequenas quantidades de resíduos, mas quando esses limites são ultrapassados, a qualidade da água diminui drasticamente.

Os efeitos da poluição no meio ambiente e nos aquíferos estão cada vez mais evidentes. Ao longo dos últimos 50 anos, houve um aumento de 73% nos níveis de poluição a partir de centenas de cidades localizadas no tronco principal do maior rio da China, o Yangtzé. O despejo anual de esgoto e resíduos industriais no rio atingiu cerca de 25 bilhões de toneladas, o que representa 42% da vazão total de esgotos do país. Hoje, quase 60% das águas subterrâneas da locomotiva asiática estão poluídas. O estresse hídrico provocado pela poluição indústrial é um risco que deve ser pesado (ver box da página 102).

## NA LINHA DE FOGO

Considerando a influência das mudanças climáticas – o impacto da escassez das secas severas ou da abundância destrutiva das enchentes que dizimam cidades –, as consequências da variação na disponibilidade e qualidade da água para os negócios prometem ser de grande alcance.

Nem é preciso um exercício de futurologia para dimensionar o perigo. O saldo dos desastres naturais relacionados aos extremos do clima segue uma crescente que não dá sinais de trégua. Além de infligir um imenso sofrimento às populações atingidas, deixando mortos e feridos pelo caminho, a fúria da natureza arruína casas, inunda ruas, trens e metrôs, danifica sistemas de energia, deteriora a infraestrutura das cidades e obriga a paralisação de pequenas e grandes empresas.

Somados, os prejuízos econômicos provocados por enchentes, secas e furacões, nas últimas quatro décadas, chegam a US$ 2,3 trilhões. É um valor assombroso, quase um Brasil em PIB, segundo dados do Atlas de Mortalidade e Perdas Econômicas, produzido pela Organização Meteorológica Mundial (OMM).

E as evidências continuam se multiplicando. Três anos consecutivos de uma estiagem severa mergulharam a Califórnia, Estado líder em produtos agropecuários dos Estados Unidos, numa seca histórica que já custa US$ 1,5 bilhão aos negócios, segundo estimativa da Universidade da Califórnia. Os negócios estão na linha de fogo do clima.

Na esteira destes verdadeiros "choques hídricos", vemos o endurecimento das leis e a criação de regulamentos mais rigorosos, o aumento dos custos para captação de água e também um maior escrutínio público das práticas corporativas com relação ao recurso.

Diante dessa realidade, as empresas que tratam a água como uma questão estratégica dentro de seus negócios estarão muito mais bem posicionadas no futuro. As que continuam a ignorar estes desafios se colocam em maior risco.

**Quase 60% da água subterrânea na China está poluída**

Em meio à poluição atmosférica que assola a China, o país enfrenta outra crise ambiental silenciosa e, muitas vezes, invisível: a contaminação das águas subterrâneas. Quase 60% delas estão poluídas, segundo estudo estatal divulgado pela agência Xinhua. O levantamento, feito pelo Ministério da Terra e Recursos da China, monitorou 4.778 pontos de 203 cidades. A qualidade da água subterrânea foi classificada como "relativamente pobre" em 43,9% deles e "muito ruim" em outros 15,7%. De acordo com as normas da China, água de qualidade relativamente pobre só pode ser usada para beber após o tratamento adequado. Já água de muito má qualidade não pode ser usada para consumo. O nível de poluição das águas subterrâneas é particularmente preocupante na região norte, responsável por 30% da produção agrícola do país. Um estudo encomendado pelo governo, em 2013, revelou que 70% da água subterrânea dessa região era imprópria até mesmo ao contato humano. As origens dessa calamidade são velhas conhecidas, com raízes em práticas que afetam tanto o campo como as cidades. Desde 1990, a China tornou-se o maior consumidor de fertilizantes nitrogenados do mundo, que, apesar de ajudarem no crescimento rápido do cultivo, aumentando a oferta de alimentos, também deterioram o solo e poluem lençóis freáticos. Um estudo publicado pela revista *Nature* mostrou que a poluição por nitrogênio aumentou 60% em 30 anos no país, uma ameaça para os ecossistemas e a saúde humana. As indústrias chinesas, em especial as têxteis, com seus resíduos da produção (metais pesados, tóxicos e substâncias cancerígenas) também são fonte significativa de poluição no país. De acordo com o Relatório Estatístico Anual de 2010 sobre o Meio Ambiente na China, publicado pelo Ministério da Proteção Ambiental, a indústria têxtil do país gerou quase 2,5 bilhões de metros cúbicos de esgoto em 2010. O problema é que nem todo esse esgoto vai parar no lugar certo. Uma análise feita pela ONG Greenpeace nas cidades de Xintang e Gurao, que concentram boa parte das fábricas de jeans e roupa íntima, revelou altos níveis de metais na água, como cobre, cádmio e chumbo, em níveis até 128 vezes acima dos limites considerados saudáveis.

*Fonte:* Exame.com, 23/04/2014

**Eventual racionamento de água pode causar impacto no faturamento, afirmam 64,9% das 413 indústrias ouvidas em pesquisa da Fiesp e do Ciesp**

A possibilidade de um racionamento de água ainda este ano é um fator de preocupação para 67,6% das 413 indústrias ouvidas em pesquisa realizada pelo Departamento de Pesquisas e Estudos Econômicos (Depecon) da Federação e do Centro das Indústrias do Estado de São Paulo (Fiesp e Ciesp). A pesquisa foi apresentada na manhã desta quinta-feira (17/07) pelo presidente do Ciesp, Rafael Cervone, e o diretor de Meio Ambiente da Fiesp e do Ciesp, Eduardo San Martin, durante o seminário "Gerenciando a Escassez de Água na Indústria", realizado na Regional das entidades em Campinas. O levantamento foi feito entre os dias 12 e 26 de maio com 229 empresas de micro e pequeno porte (até 99 empregados), 140 de médio porte (de 100 a 499 empregados) e 44 de grande porte (500 ou mais empregados). A pesquisa revela que são justamente as empresas de grande porte as mais preocupadas (75% ante 68,1% das pequenas e 64,3% das médias). Já pensando nas consequências de uma interrupção no fornecimento de água, 64,9% das empresas avaliam que a medida teria impacto sobre seu faturamento: 17,9% avaliam que o impacto seria "forte" enquanto para 47% seria "pequeno". As empresas de grande porte foram as que mais indicaram impacto sobre o faturamento: "pequeno impacto" para 50,0% das grandes ante 48,9% das pequenas e 42,8% das médias; "forte impacto" para 29,5% das grandes ante 17,9% das pequenas e 14,3% das médias.

*Fonte:* Pesquisa Fiesp sobre chance de racionamento – Agência Indusnet Fiesp, 17/07/2014

**Paralisação no processo produtivo**

Das indústrias ouvidas, 62,2% indicaram que a produção pode ser prejudicada, mas não precisa ser interrompida em caso de racionamento. Para 11,9%, a produção é paralisada apenas no momento da interrupção e retomada em seguida. Já 12,1% responderam que a produção não seria afetada. Das empresas de grande porte, 13,6% afirmam que teriam que paralisar a produção durante a interrupção, ante 12,2% das pequenas e 10,7% das médias. E 11,4% das empresas de grande porte explicam que, além de interromper a produção durante o corte do fornecimento, a retomada não ocorreria logo em seguida, demorando bastante tempo, o que foi apontado por apenas 3,9% das pequenas e 9,3% das médias. Para 2,2% das empresas, um eventual racionamento acarreta em grandes perdas, pois todo material momentaneamente processado seria perdido. Das empresas que participaram da pesquisa, 54,5% não possuem uma fonte alternativa de água, enquanto 21,8% possuem e são capazes de manter a produção durante eventuais interrupções, enquanto 20,8% não dependem do sistema de abastecimento de água.

Fonte: Agência Indusnet Fiesp, 17/07/2014

## IGNORAR O DESAFIO DA ÁGUA É VENDAR OS OLHOS DIANTE DO PERIGO

Praticamente todas as empresas, sejam elas pequenas ou grandes, consomem água na produção de bens e serviços. No sentido mais básico, a escassez do recurso limita a quantidade de água que uma empresa pode utilizar e, por conseguinte, a quantidade de produtos que pode produzir. Para se ter uma ideia, em 2011, a varejista americana de roupas Gap Inc. reduziu sua previsão de lucro anual em 22% por causa das limitações de produção impulsionadas pela falta de água no Texas, na Índia, no Paquistão e no Brasil (Pacific Institute).

Em 2012, 53% das 500 empresas globais que respondem ao Carbon Disclosure Project (CDP), organização internacional que atua junto a investidores e empresas para prevenir as mudanças climáticas e proteger os recursos naturais, relataram que sofreram impactos negativos relacionados com a água nos últimos cinco anos, enquanto 70% identificaram a água como um risco para seus negócios. Na lista de respondentes estão gigantes mundiais como a Microsoft, Ford Motors, Volkswagen, Carrefour, Nestlé, Pepsico, Procter & Gamble, Unilever, Johnson & Johnson, L'Oréal, Bayer, 3M, General Electric, Iberdrola e Basf, só para citar algumas.

Durante a Rio+20, o CDP expandiu suas ações. Em parceria com a entidade de pesquisa científica Global Canopy Programme (GCP), lançou o maior sistema de reporte de capital natural do planeta, que integra, numa mesma plataforma, a gestão da água, do carbono e das florestas. Na ocasião, Paul Simpson, CEO da entidade, justificou a importância do gerenciamento e reporte do capital natural pelas empresas da seguinte maneira, em entrevista à Exame.com.

> Tanto os investidores quanto as empresas estão cada vez mais conscientes de que é necessário acessar todas as implicações do nosso capital natural – clima, água, floresta, solo, biodiversidade – porque suas cadeias de valor são influenciadas pelas limitações de recursos naturais. O aumento da volatilidade dos preços da energia, por exemplo, é um risco para o negócio. Estamos atingindo o limite do planeta, o que é insustentável, e os negócios não são imunes às consequências. É mais barato gerenciar e valorizar o capital natural agora do que esperar a natureza nos foçar a isso. Se demorarmos para internalizar as externalidades, sairá bem mais caro.

Os mais céticos podem dizer que as empresas não têm nenhuma razão econômica para promover a gestão sustentável da água dentro do seu negócio, nem na cadeia de fornecedores, tampouco na região onde operam (digamos em plano comum com os gestores locais de uma bacia sob estresse hídrico), e por isso todas ações que tomam nesse sentido muita vezes não passam de "*greenwashing*" ou seja "maquiagem verde".

Estas preocupações não são infundadas. A prática de exagerar e inflar as informações sobre ações de sustentabilidade, indo além do que a empresa faz de fato, é uma das formas mais fáceis (e uma tremenda armadilha) de vender a imagem de sustentável para o público. Porém, as circunstâncias de agora são bem diferentes das de 20 anos atrás, quando o termo foi cunhado.

O reconhecimento da crise da água está crescendo em todo o mundo, e os investidores e consumidores estão cada vez mais exigentes com relação à atuação das empresas. O risco é mais real do que nunca. Ignorar os desafios da água é vendar os olhos diante do perigo e tatear às cegas por uma saída que só existe para quem tem visão.

## RISCOS FÍSICOS

Água demais, água de menos, água imprópria... tudo isso implica riscos físicos para as indústrias. A falta pode comprometer a produção, o resfriamento e a limpeza de máquinas. Por outro lado, o excesso (de inundações) pode simplesmente interromper as operações porque os funcionários estão ilhados em casa sem poder ir ao trabalho.

Já a água de má qualidade, ou contaminada, muitas vezes demanda investimentos vultosos que elevam os custos operacionais no pré-tratamento. A disponibilidade de água limpa ainda pode afetar o interesse e a capacidade dos clientes para comprar determinados produtos e serviços intensivos em água.

Sem falar dos efeitos indiretos. Um cenário de crise hídrica afeta a produção de energia, insumo vital para as indústrias. Basta se lembrar da crise do apagão de 2001, quando o sistema elétrico brasileiro quase colapsou em virtude dos baixos investimentos no setor e da escassez de chuva daquele ano.

Com os reservatórios em baixa e a demanda em alta, o governo impôs uma política tarifária severa e cotas destinadas a reduzir o consumo de energia de 10% a 35%. Em meio ao maior racionamento já adotado no país, muitas indústrias no sudeste sofreram reduções de capacidade operacional, atrasos na produção e aumento nos custos.

## Riscos de reputação

A sociedade civil, investidores, consumidores e o público em geral estão cada vez mais engajados em questões de sustentabilidade da água, o que coloca as práticas das empresas sob maior escrutínio. O uso insustentável do recurso ou a poluição indiscriminada por parte de uma empresa, em uma bacia hidrográfica, pode ser extremamente prejudicial para a reputação de uma marca.

Quem falha na boa gestão da água se expõe a riscos diversos. Os danos à reputação podem incluir a redução do valor da marca e da lealdade do consumidor, o abalo da confiança do investidor e uma série de respostas regulatórias adversas. Conflitos locais podem prejudicar a imagem da marca ou, em casos raros, até mesmo resultar na perda de licença das empresas para operar.

Na Índia, por exemplo, duas fábricas de engarrafamento da Coca-Cola (uma em Uttar Pradesh e outra em Kerala) perderam suas licenças para captação de águas subterrâneas, depois que comunidades locais acusaram as unidades de depleção das já escassas reservas de água por conta do consumo excessivo, o que teria contribuído para o aumento da concorrência nos aquíferos da região nos últimos dez anos.

Segundo notícia do jornal *Financial Times*, a fábrica de engarrafamento de Uttar Pradesh disse ter usado a água "de forma muito responsável e criteriosa". E a Coca-Cola acrescentou que a Índia poderia ser um dos seus cinco maiores mercados dentro dos próximos anos e que planeja investir cerca de US$ 5 bilhões no país até 2020.

Está claro que as empresas que pretendem avançar em áreas de escassez hídrica estão cada vez mais dependentes de uma "licença pública" para operar e, por isso, precisam pensar a água de forma integrada com as comunidades e os governos locais.

## Riscos regulatórios

O risco regulatório deriva tanto de mudanças repentinas nas leis quanto de uma política de água inconsistente seguida de regulamentos ineficazes. As práticas insustentáveis no setor indústrial e o aumento da preocupação da sociedade sobre a escassez da água e a poluição exercem pressão sobre as autoridades locais e os gestores públicos. Como consequência, surgem novos regulamentos e políticas de preços que buscam promover maior eficiência. As empresas que já estão enfrentando o desafio da água e adotam soluções para melhorar seu desempenho, naturalmente, se adiantam aos novos marcos regulatórios.

No entanto, o risco regulatório também está presente quando os governos não são capazes de gerir eficazmente os seus recursos hídricos ou criar políticas e normas adequadas. Em muitas áreas do mundo, o sucateamento da infraestrutura leva a perdas incríveis de água, agravando a escassez. Em outros, a falta de regulamentação da qualidade da água torna a poluição um problema crítico.

## Riscos na cadeia de valor

Os riscos para os negócios, especialmente aqueles que fazem uso intensivo de água, também podem ocorrer em toda a cadeia de valor da empresa. Vejamos alguns:

## Matéria-prima

Em geral, a maior parte da pegada hídrica das indústrias vem da produção de matérias-primas, como alimentos, fibras e metais. Até aí tudo bem, não fosse o fato de que a produção de matéria-prima de muitas empresas encontra-se a montante de suas operações diretas. Normalmente, elas não conseguem avaliar os riscos relacionados com a água neste segmento de suas cadeias de valor.

No caso dos alimentos, por exemplo, a escassez de água, a poluição e as alterações climáticas podem diminuir a produtividade agrícola e a qualidade, limitando assim a produção ou gerando aumento dos custos para as empresas que compram esses bens. Daí a importância de mapear o uso dos recursos naturais ao longo de toda a cadeia.

"Metas comuns de redução na indústria de bebidas, como passar de 2 para 1,5 litro de consumo de água na fábrica de envasamento por litro de bebida, têm pouco efeito em larga escala, porque a pegada hídrica da cadeia de produção da maioria das bebidas é da ordem de 100 mil litros de água por litro de bebida, ou até mais", explica Arjen Y. Hoekstra, professor de gerenciamento de água da Universidade de Twente, na Holanda, em artigo publicado na revista *Nature Climate Change*.

## Fornecedores

Em alguns setores, como alta tecnologia, eletrônicos e vestuário, a maior parte do consumo de água tem relação com o fornecimento de materiais para fabricação.

Estima-se que para a produção de um chip de computador com apenas dois gramas sejam necessários 30 litros de água. Já a pegada hídrica média global de tecido de algodão é de dez mil litros por quilograma. Isso significa que uma camisa de algodão de 250 gramas custa cerca de 2.500 litros de água. O risco aqui são as empresas acharem que a água não é um problema de sua alçada, uma vez que elas já recebem o chip e o tecido prontos de seus fornecedores.

### Operações

A água tem um efeito enorme sobre as operações de uma empresa. Sua escassez ou contaminação afetam os resultados da produção e os custos. Mudanças mal-implementadas ou políticas de água inconsistentes também podem interromper o acesso de uma indústria à água, o que pode limitar a sua capacidade de produzir de forma consistente.

### Produto final

Até o produto final pode ser posto em xeque perante os desafios da água, principalmente se eles fazem uso intensivo do recurso (por exemplo, máquinas de lavar roupa ou louças) ou contribuem para a poluição da água (certos tipos de detergentes e outros limpadores). Estes riscos são ainda mais exacerbados quando uma grande parte dos consumidores concentra-se em áreas de alto estresse hídrico.

Se a água é um fator de risco para as empresas, o grau e a natureza das ameaças variam muito. Dependem, por exemplo, da quantidade de água que cada indústria usa, como se distribui o consumo por toda a cadeia de valor, qual o potencial de poluição e se os negócios situam-se em áreas propensas à tensão hídrica.

## Investidas para "secar" os gastos: oportunidades por setor no Brasil e no mundo

O setor privado tem um importante papel no enfrentamento do desafio da água no mundo. Não há dúvida de que há riscos. Mas estes riscos também podem, quando bem-geridos, criar oportunidades de melhoria e inovação nas empresas. As oportunidades são muitas. Companhias que adotam um abordagem integrada e sistêmica, normalmente podem atingir uma redução do consumo de água variando de 20% a 50%, segundo estimativas da Fiesp.

Através de melhorias no processo indústrial, é possível reduzir o consumo de água e cortar custos, que são formas mais simples de aumentar a lucratividade de uma empresa. De quebra, ela aumenta a competitividade no mercado, além de melhorar sua *performance* ambiental e sua imagem junto à comunidade. Apenas com a redução do consumo de água é possível ter um aumento nos lucros de até 10% (Fiesp).

Há outra razão que estimula o uso racional da água dentro das empresas brasileiras: a Lei de Cobrança pelo Uso da Água (nº 9.433/97). Por meio dessa norma, o governo federal aprovou a cobrança pelo uso da água dos rios de domínio da União. E com a Lei nº 12.183, de 29 de dezembro de 2009, o governo do estado de São Paulo regulamentou a cobrança para os rios de domínio estadual. Com isso, uma empresa que não pagava nada pela água que utilizava no seu empreendimento (ainda que apenas para fins sanitários) começou a pagar por ela.

Com o aumento dos custos da água e da demanda para produção, as indústrias passaram a considerar novas formas para reciclar o recurso internamente e a comprar efluentes tratados a preços inferiores aos da água potável, dos sistemas públicos de abastecimento. A alternativa minimiza a utilização de água e ajuda a reduzir a carga poluente, gerando economia na captação e no tratamento dos efluentes.

A chamada água de reuso é produzida a partir do esgoto tratado. Esse efluente, que seria devolvido à natureza dentro das condições exigidas pela legislação, passa por um novo tratamento, complementar, em alguns casos com tecnologia de ponta, que inclui membranas de ultrafiltração e osmose reversa.

O resultado é uma água que pode ser utilizada para geração de energia, resfriamento de equipamentos, limpeza de ruas e praças e vários outros processos industriais. Por se tratar de técnicas relativamente caras, a aplicação em larga escala ainda é lenta.

Nesse sentido, incentivos que fomentem a reutilização de recursos hídricos são bem-vindos. Tramita no Congresso, por exemplo, um projeto de lei que prevê redução no IR (Imposto de Renda) para empresas que façam o reuso de água e fim do IPI (Imposto sobre Produtos Industrializados) no caso de compra de equipamentos para instalação, manutenção, ampliação ou modernização de planta de tratamento de água de reuso.

O reuso da água faz parte de um mercado emergente de tecnologias que apontam um caminho amplo e fértil para a gestão deste recurso precioso dentro das indústrias. É uma rota que permite mudanças que gerem impacto direto para os negócios, mas também pode encorajar melhorias nas cadeias de suprimento e nas regiões onde as indústrias se instalam.

Claro, há obstáculos no caminho que dificultam avanços mais rápidos e efetivos no gerenciamento e uso racional dos recursos hídricos. De modo geral, a carência de dados sobre uso da água pelas indústrias é um desses problemas, que acaba por embaçar estimativas sobre o real aporte de poluentes às bacias por parte do setor.

Gargalos dessa natureza só serão superados a partir da união de forças entre órgãos públicos e privados, academia e setor produtivo. Afinal, os riscos associados ao uso da água por uma empresa dependem tanto do que acontece dentro de seus limites quanto do que acontece fora deles. A seguir, veremos alguns exemplos dos riscos associados ao uso da água dentro de setores específicos no Brasil e no mundo, as oportunidades envolvidas, e casos promissores de gestão.

## SETOR TÊXTIL

A produção de algodão é um dos segmentos do setor têxtil que mais fazem uso de água e também é um dos mais vulneráveis aos riscos físicos relacionados às mudanças do clima. Normalmente, o algodão é cultivado em regiões áridas, mas intensamente irrigadas, como Egito, Paquistão e Uzbequistão. Ao mesmo tempo, a questão das águas residuais também exige atenção. O escoamento agrícola contém fertilizantes e inseticidas, que podem afetar os ecossistemas locais e as fontes de água potável. Apesar desses riscos, muitos fabricantes de vestuário e varejistas consideram a produção de algodão fora da sua esfera de influência e, portanto, não estão preparados para enfrentá-los de forma proativa.

O processamento têxtil, por sua vez, é altamente dependente de água doce para atividades como tingimento ou branqueamento. No entanto, uma grande porcentagem de operações de têxteis para vestuário, por exemplo, no Sudeste Asiático e na Índia, regiões com escassez hídrica, estão em áreas onde as comunidades locais não têm sequer uma fonte acessível e de qualidade. Essas regiões também são mais suscetíveis aos impactos das alterações climáticas sobre os recursos hídricos.

Um exemplo de como os riscos podem virar oportunidades para o setor é o Dye Clean®, um processo que reutiliza água dos banhos de tingimento que virou referência mundial de química têxtil. Desenvolvido e patenteado pela Golden Química do Brasil, o processo economiza até 80% da água no tingimento de fibras e permite o reuso de até 50% dos produtos auxiliares, o que diminui o custo do tingimento e do tratamento de efluentes.

Outro exemplo que gera benefício para o meio ambiente e para o caixa da empresa é a implementação de tecnologias para o tratamento de afluentes. O grupo Rosset Têxtil, por exemplo, implantou um sistema de reciclagem para a captação de água do rio Tietê e seu tratamento, que ajudou a reduzir a o consumo de água potável da rede pública. Após passar pela Estação de Tratamento de Afluentes (ETA) da empresa, a água vai para a planta de osmose (tecnologia pioneira no setor), capaz de purificar 30 metros cúbicos por hora. O resultado é uma água limpa para ser usada na cozinha indústrial, no ar-condicionado da tecelagem e na geração de vapor (CNI).

## Para que lavar tanto o jeans?

Numa investida mais radical (e inusitada), Chip Bergh, CEO da Levi's, chocou os maníacos por higiene ao dizer que o seu par de jeans favorito, que ele usa há mais de um ano, "ainda não tinha visto uma máquina de lavar". A declaração foi feita durante evento de sustentabilidade da revista *Fortune*, em maio. De gratuita, a afirmação não teve nada. Em 2008, ao avaliar o ciclo de vida do seu principal produto, a empresa descobriu que metade do consumo de água ocorre na fabricação do jeans, enquanto a outra metade ocorre na casa do consumidor, por conta de sucessivas lavagens em máquina. Portanto, a recusa em lavar a peça de roupa – ou pelo menos, de reduzir a frequência de lavagem – tem virtudes, segundo Bergh. Além de conservar o tecido do jeans, ajuda a preservar os recursos do planeta, no caso, a água. Com objetivo de reduzir seu impacto, a empresa criou até a coleção"Water Less" ("Menos Água"), que conseguiu reduzir 28%, em média, o consumo de água na fabricação do jeans tradicional. Em novos produtos, a economia chega a 96%.

## *High tech* e eletrônica

Quando compramos um *smartphone* ou outro aparelho de última tecnologia, a última coisa que nos vem à mente é o quanto de água foi consumida para o produto chegar até nós. Pois a indústria de alta tecnologia é ultradependente deste recurso, principalmente na fabricação de circuitos integrados. Milhões de toneladas de água são gastas na limpeza durante a produção de microchips. E tem que ser água ultrapura, obtida a partir de uma dezena de etapas de tratamento que retiram tudo quanto é partícula e sais (nem de perto se aproxima da água potável para consumo humano).

Para se ter uma ideia, uma única fábrica de chips da IBM na cidade de Burlington, em Vermont, nos Estados Unidos, produz em uma miniusina interna cerca de dois milhões de litros de água ultrapura por dia para uso na fabricação de semicondutores, e existem dezenas de fábricas de chips em todo o mundo (revista *Fast Company*).

Atualmente, mais de metade da produção mundial de microchips encontra-se nos países asiáticos, onde os recursos hídricos estão sob estresse crescente devido ao aumento populacional e ao rápido crescimento econômico.

Mas, se de um lado, a indústria da tecnologia pode ser vítima da escassez, por outro ela faz as vezes de réu. O acesso fácil às tecnologias tem um efeito colateral difícil de digerir, a sucata pós-moderna.

Anualmente, segundo dados da ONU, o mundo gera em média 40 milhões de toneladas de lixo eletrônico (e-lixo) por ano. A maior parte vem de países emergentes, que ainda não possuem sistema de gestão eficiente para lidar com esse tipo de material. Artefatos eletroeletrônicos contêm materiais que demoram a se decompor – plástico, metal e vidro – e outros altamente prejudiciais à saúde, como mercúrio, chumbo, cádmio, manganês e níquel. Esses compostos podem provocar a contaminação dos recursos hídricos subterrâneos e dos ecossistemas locais. A ameaça de contaminação das águas subterrâneas a partir de lixo eletrônico só vai aumentar à medida que o volume de e-lixo em aterros sanitários continuar a crescer.

## Bebidas

A água potável é o ingrediente mais importante para a maioria dos produtos de bebida, o que torna as empresas do ramo especialmente vulneráveis à disponibilidade e à qualidade do recurso. Por necessitar de uma fonte de água de alta qualidade, as indústrias acabam concorrendo com as populações locais pela água potável. Grandes retiradas de água podem resultar em controvérsias em regiões onde o recurso é escasso.

Para administrar os riscos e desenvolver critérios e recomendações para a contabilização da água no setor, surgiu em 2007 o Beverage Industry Environmental Roundtable (BIER), uma coalisão de corporações do setor de bebidas que atuam em escala global.

Uma das integrantes do grupo é a Ambev, fabricante de marcas como Skol, Brahma, Antarctica e Quilmes. Nos últimos quatro anos, a filial da empresa em Jaguariúna, São Paulo, tornou-se uma das mais eficientes no uso de água dentro de todas as unidades produtivas da Ambev. Entre 2010 e 2013, o consumo de água usada na produção de cada litro de cerveja caiu de 3,80 litros para 2,75 litros de água (dados da Ambev).

Segundo a empresa, a redução foi alcançada graças à adoção de ações como treinamentos internos dos funcionários para conscientização sobre o uso responsável da água, desenvolvimento de novas tecnologias para aumentar a eficiência nas áreas de consumo, além de aplicação de técnicas e equipamentos que permitam o reuso de água no sistema.

## Indústria farmacêutica

A crescente preocupação com a persistência de alguns produtos farmacêuticos e seus impactos sobre o meio ambiente apresenta tantos riscos regulatórios quanto de reputação. Resquícios desses produtos químicos, que incluem substâncias carcinogênicas, podem contaminar os rios a partir do consumo por humanos ou animais (de uso veterinário) e seus consequentes dejetos.

Mesmo em baixas concentrações, alguns desses compostos têm potencial de interferir na reprodução e no desenvolvimento de animais. São os chamados desreguladores ou disruptores endócrinos, tema de um capítulo especial neste livro.

Além do efeito do mercado consumidor, eventuais vazamentos em fábricas que venham a contaminar recursos hídricos naturais e ecossistemas ao redor são bastante prejudiciais.

Em maio deste ano, o jornal *O Estado de S. Paulo* trouxe um artigo sobre a condenação em primeira instância da fabricante americana de medicamentos Eli Lilly, obrigada a pagar uma indenização de R$ 1 bilhão por danos morais coletivos pela contaminação de ex-trabalhadores que foram expostos a substâncias tóxicas na fábrica do grupo, em Cosmópolis, interior de São Paulo. De acordo com a reportagem, "a Eli Lilly fez uma autodenúncia, no fim de 2004, para a Companhia de Tecnologia em Saneamento Ambiental (Cetesb), dois anos após ter passado a fábrica para a ABL. Nela, a empresa admitia ter contaminado o solo e o lençol freático. As análises mostram que foram enterrados de forma irregular, no terreno da empresa, três mil metros cúbicos de lixo tóxico".

## Produtos florestais (papel e celulose)

O setor de produtos florestais é particularmente suscetível a perturbações causadas pela escassez ou pelo aumento dos custos de água. A fabricação de papel e celulose exige grandes quantidades de água. Uma simples folha de papel A4 necessita, em média, de um litro de água, segundo o Water Footprint.

Mas o setor de papel e celulose também produz uma quantidade significativa de águas residuais, o que costuma gerar conflitos com comunidades que se opõem a instalações das fábricas. Um embate de sucesso é o Caso da Papeleras, envolvendo Uruguai e Argentina.

A disputa se deu em torno da construção de duas fábricas de celulose (uma pela finlandesa Botnia e a outra pela empresa espanhola Ence) em um rio que serve de fronteira natural entre os dois países. O projeto, defendido pelo Uruguai por seus benefícios econômicos, culminou em manifestações massivas por parte de cidadãos e ativistas ambientais do lado argentino, que argumentavam que a fábrica de celulose poderia poluir o rio e prejudicar plantações próximas.

Em 2006, a disputa levou os dois países à Corte Internacional de Justiça de Haia, o que atrasou significativamente o andamento do projeto. Depois de anos de análise sobre os impactos ambientais da instalação, a Corte autorizou o funcionamento da usina papeleira de Órion (Botnia), única que se manteve após a controvérsia. Segundo a decisão, a empresa "não violou suas obrigações materiais para a proteção do meio ambiente previstas pelo Estatuto do Rio Uruguai" (Caso nº 135).

Além de enfrentar eventuais resistências, o setor de papel e celulose é um dos que está na linha de frente das mudanças climáticas. Secas severas e temperaturas altas, por exemplo, aumentam o risco de incêndios florestais. Mudanças nos padrões de precipitação colocam em risco o próprio crescimento da floresta, exigindo atividades mais intensas e dispendiosas de manejo.

Otimizar o consumo de água no processo de fabricação de celulose é um dos principais desafios ambientais da brasileira Fibria. A empresa faz parte da rede internacional Water Footprint (WFP) e é pioneira no estudo da Pegada Hídrica, monitorando o uso da água em todas as suas etapas produtivas para identificar oportunidades de melhoria.

Na fábrica de Jacareí, a captação é feita no rio Paraíba do Sul (conforme estabelecido nas outorgas pelo uso da água emitidas pela Agência Nacional de Águas – ANA), e os resultados impressionam. Em 2013, a unidade captou uma média de 24,9 metros cúbicos de água por tonelada de celulose produzida. A título de comparação, a referência europeia para esse índice, estabelecida pela Integrated Pollution Prevention Control (IPPC), é de 30 a 50 metros cúbicos (Relatório de Sustentabilidade 2013, Fibria).

## MINERAÇÃO E REFINO

Outra indústria que vive uma relação intensa e, muitas vezes, conflituosa com a água é a de mineração. Ela se dá por dois vieses: pelo uso dos recursos hídricos em seus processos produtivos e pelo fato de a atividade mineradora encontrar-se, eventualmente, nas regiões de nascentes e recarga hídrica. Se no primeiro caso chamam atenção para os riscos de uma escassez hídrica paralisar a produção, o segundo alerta para a ameaça gigantesca de poluição devido a quantidades significativas de águas residuais ligadas à mineração e ao refino.

Há ainda uma terceira razão que torna mais crítica a relação entre água e mineração: diferentemente de outros setores industriais, as operações não podem ser realocadas, tornando o setor suscetível a mudanças na disponibilidade hídrica e a preocupações locais sobre o uso da água. Há pelo menos dois anos, a mineradora americana Newmont Mining está no centro de uma polêmica no Peru para a implementação de um projeto de mineração de ouro de US$ 5 bilhões.

Jornais locais relatam que a investida demandará mudanças no fluxo de rios e lagos, cujas águas seriam levadas para quatro reservatórios que a empresa planeja construir com sua parceira peruana, a Buenaventura. Por sua parte, as empresas afirmam que a construção de reservatórios ajudaria a aumentar a segurança das reservas de água, mesmo em tempos de seca, garantindo o abastecimento durante todo o ano para as cidades e agricultores da região. Acontece que muitos moradores temem perder o controle da água e acreditam que a mina iria causar poluição pela lixiviação de efluentes perigosos, como o mercúrio.

Este caso mostra como as escassez e a poluição dos recursos hídricos (incluindo o risco de degradação associado à atividade) é fator limitante do desenvolvimento da mineração.

Por outro lado, a eficiência do uso dos recursos hídricos revela-se importante elemento de competitividade. Neste contexto, as empresas brasileiras têm procurado avançar. De acordo com o Instituto Brasileiro de Mineração (Ibram), a reciclagem ou recirculação da água nas plantas de mineradoras de diversos segmentos é superior a 50%, podendo chegar a 90% na mineração de ferro, ouro e carvão mineral, por exemplo.

Atenta à questão, a Votorantim Metais, uma das maiores produtoras mundiais de zinco, lançou a meta de recircular 100% da água utilizada em seus processos industriais. Atualmente, essa taxa é de 50% em média em todas as operações, com destaque para a Unidade de Morro Agudo (Paracatu, MG), que reusa cerca de 85%. Para incrementar o reuso da água, ela realiza o Balanço Hídrico, metodologia baseada no Water Accounting Framework for the Mineral Industry (Queensland – Austrália), referência na área.

## Petróleo e gás

A indústria do petróleo poderia ser considerada uma verdadeira indústria de água que transporta o petróleo como um subproduto. Só nos Estados Unidos e Canadá, que juntos produzem cerca de 20% do óleo no mundo, a indústria do petróleo em terra traz oito barris de água à superfície para cada barril de petróleo (Ceres/Pacific Institute).

A origem da água produzida (AP) são formações subterrâneas, onde fica "aprisionada" até ser trazida à tona juntamente com o petróleo e gás durante as atividades de produção desses fluidos. Muitas vezes, esta água é altamente salina e contaminada por hidrocarbonetos. É um resíduo perigoso, que requer tratamento, eliminação adequada, mas com potencial de ser reusada pela própria indústria. Em todos os casos, há necessidade de tratamento específico a fim de atender as demandas ambientais, operacionais ou da atividade produtiva que a utilizará como insumo.

A água doce desempenha ainda um papel fundamental em muitos processos operacionais do setor de petróleo, desde a produção e fabricação de vapor ao fornecimento de energia. Já a água do mar é amplamente utilizada em sistemas de refrigeração e para manter a pressão no reservatório de óleo. Nas refinarias de petróleo, por exemplo, volumes vultosos de água são empregados nas unidades de processo, em sistemas de geração de vapor, torres de resfriamento, no combate a incêndios e para fins potáveis.

## Case: Aquapolo Ambiental

O setor petroquímico tem o maior projeto de água de reuso para fins industriais do Brasil: o Aquapolo Ambiental, fruto de uma parceria público-privada firmada entre a Sabesp e a Odebrecht Ambiental. Implementado no final de 2012, o projeto tem capacidade para produzir até mil litros por segundo de água de reuso, usada para abastecer o Polo Petroquímico de Capuava, em Mauá (ABC paulista). Esse volume é equivalente ao consumo de água potável para abastecer 500 mil habitantes, equivalente à população de uma cidade do porte de Diadema.

Maior petroquímica das Américas e líder na produção de biopolímeros, a Braskem é a principal usuária da água reciclada no polo industrial do ABC. Outra fonte de água de reuso da empresa é o projeto Água Viva, no Polo de Camaçari, na Bahia. Em 2013, com a aplicação desses dois importantes programas de reuso de água, a empresa deixou de utilizar 6,5 bilhões de litros de água tratada provenientes das companhias de abastecimento. É uma economia mensal de água equivalente ao consumo de uma cidade com 360 mil pessoas.

## *BOOM* DO GÁS E PETRÓLEO DE XISTO: NOVAS AMEAÇAS À ÁGUA

A extração do gás e óleo não convencionais, encontrados em rochas, tem contribuído para uma verdadeira revolução energética nos Estados Unidos, permitindo até mesmo que o país sonhe com sua autossuficiência até 2030. Por lá, o gás e petróleo xisto não se mostraram apenas mais baratos que o carvão como também reduziram substâncialmente as importações de combustíveis fósseis do país. Mas se pela lógica econômica a euforia em torno dessa fonte parece se justificar, na seara ambiental, em contrapartida, o cenário ganha contornos bem mais sombrios.

O *boom* do gás e petróleo de xisto promete aumentar sobremaneira o consumo de água – e os riscos associados ao seu uso. A atividade tem sido questionada pelos riscos e danos que pode gerar ao meio ambiente, principalmente a poluição da água, usada em quantidades colossais na técnica de exploração chamada de faturação hidráulica (do inglês, *hydraulic fracturing*, ou simplesmente *fracking*).

A técnica de extração do gás não convencional consiste na injeção de toneladas de água misturada a produtos químicos e areia para gerar fraturas na rocha. Toda a água usada no processo de extração retorna à superfície, poluída por hidrocarbonetos e por outros compostos e metais presentes na rocha e pelos próprios aditivos químicos.

Além do risco de contaminação de áreas vizinhas, o processo pode permitir que os gases acumulados nas rochas atinjam aquíferos. Um estudo feito por cientistas da Universidade Duke, da Carolina do Norte, encontrou níveis elevados de metano e etano em mais de cem poços privados que abastecem as casas situadas na bacia de gás de xisto de Marcellus, no nordeste da Pensilvânia e no sul do Estado de Nova York.

As concentrações de metano na água potável das residências situadas a menos de um quilômetro dos locais de perfuração eram, em média, seis vezes maiores às da água das casas que estavam mais distantes, enquanto as concentrações de etano eram 23 vezes superiores.

Os fluidos poluídos do fraturamento hidráulico são apontados como a causa da morte de espécies aquáticas em rios de Kentucky próximos à áreas de exploração onde foram verificados vazamentos. Estudo realizado pelo USGS e pelo Serviço de Pesca e Vida Selvagem Americano (Fish and Wildlife Service) mostra que os fluidos liberados no ambiente degradaram a qualidade da água a ponto de causar lesões nas guelras dos peixes, no fígado e baço. Além do uso intensivo de água e os riscos de contaminação, estudos relacionam a atividade ao aumento da emissão de gases de efeito estufa e a possibilidade de abalos sísmicos.

## Estamos preparados?

Em um país como o Brasil, cuja produção de petróleo promete dar saltos nos próximos anos (tendo o pré-sal como estrela), o desenvolvimento e a aplicação de processos cada vez mais eficientes e econômicos são um desafio, principalmente diante das novas fontes.

Em novembro de 2013, o país realizou o primeiro leilão exclusivo de reservas em terra de gás natural, dando o pontapé inicial ao desenvolvimento do polêmico gás de xisto. O leilão se desenrolou num contexto nada convencional, sem que se tivesse uma legislação ou marco regulatório claro sobre como as explorações devem ocorrer. Além disso, o país ainda carece de estudos aprofundados sobre os riscos socioambientais da extração de gás não convencional.

Não à toa que a questão ambiental, associada à atividade, é uma preocupação de cientistas brasileiros. Às vésperas do leilão, organizações técnicas e profissionais ligadas às áreas de meio ambiente e de serviços de água e saneamento protocolaram, na Presidência da República, uma carta aberta à presidente Dilma Rousseff solicitando a retirada da exploração de gás não convencional do edital da 12ª Rodada de Licitações; o pedido foi ignorado.

Dos 240 blocos que foram a leilão, 72 foram arrematados. Localizados em Amazonas, Acre, Tocantins, Alagoas, Sergipe, Piauí, Mato Grosso, Goiás, Bahia, Maranhão, Paraná e São Paulo, os blocos ofertados e adquiridos no leilão estão próximos ou sobre os principais aquíferos (reservatórios subterrâneos de água) brasileiros e também de parques nacionais e outras unidades de conservação, territórios indígenas e de quilombolas, assentamentos rurais e fazendas. Isso eleva o potencial de impactos e conflitos socioambientais e econômicos.

Somente cinco meses após a rodada foi que a Agência Nacional de Petróleo (ANP) publicou no *Diário Oficial* a Resolução nº 21/2014, que regulamenta essa atividade de perfuração. O texto indica que as empresas que desejarem desenvolver essa atividade deverão investir pesado em estudos e medidas de controle ambiental.

Certamente trata-se de um primeiro grande passo para garantir a segurança, a prevenção de acidentes e a sustentabilidade da atividade. Contudo, ainda não se trata do melhor dos mundos. Falta mais participação de outros entes competentes em deliberar sobre o assunto, como Ministério de Meio Ambiente, o Conama e Ibama, a fim de estimular amplos debates com todos os interessados (incluindo as empresas e a sociedade civil) para disciplinar os requisitos para a obtenção das licenças ambientais, para o desenvolvimento do projeto e a entrega do campo para a ANP.

Mesmo após a regulamentação da prática, os temores sobre os riscos associados à atividade têm causado levantes sociais em almas regiões.

Em junho deste ano, uma multidão foi às ruas de Toledo para protestar contra a exploração de gás de xisto na região oeste do Paraná. Eles temem que a prática contamine o aquífero.

No mesmo período, o juiz da Primeira Vara Federal de Cascavel, Leonardo Cacau Santos La Bradbury, determinou a suspensão imediata e por tempo indeterminado da 12ª Rodada de Licitações da ANP para a exploração de gás de folhelho, também chamado de gás de xisto, na bacia do rio Paraná. Na decisão o juiz destacou que "não há sequer dados para a formação de um juízo seguro sobre a conveniência da exploração dessa fonte de energia, e mais, que o início da utilização da técnica do fraturamento hidráulico, da forma açodada como prevista pela ANP, oferece riscos concretos de contaminação aos recursos hídricos da região, prejudicando não só a saúde da população como também a economia de toda a região oeste paranaense". Na ocasião, a ANP disse que iria recorrer da decisão.

Embates dessa natureza mostram como é urgente a necessidade de mais estudos sobre os riscos associados à exploração do gás de xisto, bem como a maior participação da população brasileira na discussão sobre os usos dos recursos naturais, incluindo a água, um bem difuso fundamental à vida, afinal a tutela do meio ambiente é direito e dever do povo, e não apenas do Estado.

## Colaboração é a chave

Esforços organizacionais individuais serão fundamentais para administrar o desafio da água e do meio ambiente como um todo. Mas é preciso ir além, unindo-se aos esforços coletivos – de outros setores e esferas da sociedade. Afinal, as empresas não operam em um vácuo, mas em um contexto social mais amplo.

Tal colaboração de múltiplos atores aumenta o repertório de conhecimentos, capacidades e recursos em prol da sustentabilidade.

Diversos programas pelo mundo facilitam esse encontro, um exemplo é Pacto Global da Organização das Nações Unidas (ONU), com mais de 12 mil empresas participantes e outras partes interessadas (*stakeholders*) em mais de 145 países, sendo a maior iniciativa de responsabilidade corporativa voluntária do mundo.

Há ainda uma série de esforços coletivos para resolver os desafios do uso sustentável da água. Estudo publicado pelo Conselho Empresarial Mundial do Desenvolvimento Sustentável (WBCSDa, 2012) mapeou 18 iniciativas, ferramentas, normas e metodologias com esta abordagem: BIER Water Footprint Working Group; CDP Water Disclosure; Ceres Aqua Gauge; European Water Stewardship; GEMI Local Water Tool™; GRI Water Performance Indicators; ISO Water Footprint: Requirements and Guidelines; United Nations CEO Water Mandate;UNEP FI Chief Liquidity Series; Água, indústria e sustentabilidade;Water Accounting: An Australian Framework for the Minerals Industry;Water Footprint Network;Water Impact Index;Water Risk Filter;Water Stewardship Australia;Water Use Assessment within Life Cycle Assessment;WBCSD Global Water Tool; e WRI Aqueduct.

Destacamos a seguir alguns dos "mandamentos" do CEO Water Mandate, iniciativas que visam a colaboração entre empresa, organizações da sociedade civil e o poder público que buscam contribuir positivamente para a emergente crise global da água. O programa reúne líderes de negócios em parceria com a comunidade internacional e o programa Pacto Global das Nações. Lançado na Cimeira de Líderes em julho de 2007, foi projetado como uma iniciativa público-privada. As empresas que aderem ao CEO Water Mandate comprometem-se a perseguir a implementação de seis elementos básicos para a gestão da água, e relatar publicamente o seu progresso anual. As seis áreas são: Operações Diretas, Cadeia de Suprimentos e Gestão de Bacias Hidrográficas, Ação Coletiva, Políticas Públicas, Envolvimento da Comunidade, e Transparência.

### 1. Operações diretas

– Realizar uma avaliação abrangente do uso da água para entender a extensão com que a empresa utiliza água na produção direta de bens e serviços.

– Definir metas relacionadas à conservação da água e ao tratamento de águas residuais, enquadrando-se assim em uma estratégia corporativa de consumo e produção mais limpa.

– Procurar investir e utilizar as novas tecnologias para atingir esses objetivos.

– Aumentar a conscientização sobre a sustentabilidade da água dentro da cultura corporativa.

– Incluir a sustentabilidade da água em decisões de negócios.

### 2. Cadeia de suprimentos e gestão de bacias hidrográficas

– Incentivar os fornecedores a melhorar a sua conservação da água, a qualidade do monitoramento, tratamento de águas residuais e das práticas de reciclagem.

– Criar meios para analisar e responder aos riscos de bacias hidrográficas. Incentivar e facilitar avaliações de uso da água e impactos por parte dos fornecedores.

– Compartilhar práticas de sustentabilidade da água (tanto estabelecidas quanto as emergentes) com os fornecedores.

– Incentivar os principais fornecedores a informar regularmente sobre os progressos alcançados relacionados com metas.

### 3. Ação coletiva

– Estreitar os laços com organizações da sociedade civil, especialmente nos níveis regionais e locais.

– Trabalhar com governos nacionais, regionais e locais, e autoridades públicas para tratar de questões e políticas de sustentabilidade da água, bem como com as instituições internacionais relevantes.

– Estimular o desenvolvimento e utilização de novas tecnologias.

– Participar ativamente do País Networks do Pacto Global das Nações Unidas.

– Apoiar o trabalho de iniciativas de água existentes envolvendo o setor privado e colaborar com qualquer outra informação relevante com os Órgãos das Nações Unidas e as organizações intergovernamentais.

### 4. Políticas públicas

– Contribuir com informações e recomendações para a formulação de políticas públicas, regulação e criação de mecanismos de mercado que impulsionem a agenda da sustentabilidade da água.

– Exercer o papel de "estadista dos negócios", defendendo a sustentabilidade da água nas discussões de políticas globais e locais, apresentando claramente o papel e a responsabilidade do setor privado no apoio à gestão integrada dos recursos hídricos.

– Cooperar com governos, empresas, sociedade civil e outras partes interessadas; participar ou apoiar os organismos orientados para as políticas especiais ligadas à água.

### 5. Envolvimento da comunidade

– Esforçar-se para compreender os desafios de água e saneamento nas comunidades em que operam e como seus negócios impactam esses desafios.

– Ser membro ativo da comunidade local e incentivar ou fornecer apoio ao governo, grupos e iniciativas que buscam avançar nas agendas de água e saneamento locais.

– Realizar campanhas de educação e sensibilização em recursos hídricos em parceria com as partes interessadas locais.

– Trabalhar com as autoridades públicas e seus agentes de apoio para o desenvolvimento da infraestrutura de água adequada, incluindo sistemas de distribuição de água e saneamento.

### 6. Transparência

– Incluir uma descrição das ações e investimentos realizados em relação ao CEO Water Mandate nas comunicações anuais de Progresso do Pacto Global da ONU, fazendo referência a relevantes indicadores de desempenho, tais como os indicadores de água encontrados em Global Reporting Initiative (GRI).

– Publicar e compartilhar as estratégias de água (incluindo metas e resultados, bem como as áreas de melhoria) em relatórios corporativos relevantes.

– Ser transparente nas relações e conversas com os governos e outras autoridades públicas sobre as questões da água.

# AMEAÇAS INVISÍVEIS NA NOSSA ÁGUA

## A ORIGEM DE UM PROBLEMA SILENCIOSO

"Pela primeira vez na história do mundo, agora todo ser humano está sujeito ao contato com substâncias químicas perigosas, desde o instante em que é concebido até sua morte", escreveu a bióloga americana Rachel Carson, mais de cinco décadas atrás, em *Primavera Silenciosa*, livro que daria início a uma revolução global na defesa do meio ambiente.

O vilão da história, lançada em 1962, era o pesticida DDT (sigla para o quase impronunciável nome *diclorodifeniltricloroetano*), utilizado em larga escala após a Segunda Guerra Mundial. Fruto da moderna química sintética, o produto ajudou a combater os mosquitos vetores da malária e do tifo, duas ameaças crescentes entre as décadas de 1950 e 1970.

Pelo baixo preço e alta eficiência, o DDT caiu nas graças de vários países: a malária foi erradicada na Itália, em Portugal e na Espanha. E por aqui, em 1950, o então presidente Eurico Gaspar Dutra se gabou de ter erradicado a dengue com aplicações do produto.

Mas não eram só os mosquitos que o pesticida combatia. Seus efeitos poderosos afetavam também pássaros e predadores naturais dos insetos. Uma vez pulverizado no ambiente, sobretudo em plantações, contaminava o solo, fontes de água e outros animais, incluindo o próprio homem. Resíduos da substâncias chegaram a ser encontrados no leite materno e foram associados ao desenvolvimento de câncer. Pior: descobriu-se que seus efeitos danosos para o meio ambiente e a saúde poderiam perdurar por décadas, afetando mais de uma geração.

Dez anos após o lançamento do livro, o DDT foi banido dos Estados Unidos e de vários outros países. Em 2001, seu uso passou a ser controlado pela Convenção de Estocolmo sobre os Poluentes Orgânicos Persistentes (POP), tratado que define regras para substâncias químicas com características tóxicas difíceis de se decompor no ambiente.

No Brasil, foi somente em 2009 que o DDT teve sua fabricação, importação, exportação, manutenção em estoque, comercialização e uso proibidos pela Lei nº 11.936.

Com *Primavera Silenciosa*, Rachel Carson trouxe uma mensagem clara: a saúde humana está mais ligada à saúde do meio ambiente do que podemos imaginar. Da década de 1970 em diante, aumentaram as preocupações sobre os potenciais efeitos nocivos e profundos da multiplicação de agentes químicos sobre a vida selvagem e suas possíveis consequências para os seres humanos.

O DDT foi o exemplo mais famoso entre os chamados *disruptores endócrinos*, uma das milhares de substâncias químicas sintéticas que se espalham por toda a Terra, contaminando solos, rios e lagos, com potencial de alterar a forma como os mais diversos seres nascem, crescem e vivem — incluindo nós, humanos.

## PERIGO OCULTO NO COTIDIANO

Eles estão por todos os lados. Artigos comuns do dia a dia, como uma panela de teflon ou um simples copo de plástico descartável podem conter substâncias em sua composição que, além de poluir o meio ambiente, têm potencial de interferir no funcionamento dos organismos dos seres vivos. Suas artimanhas? Elas imitam o funcionamento dos hormônios e, por isso, são capazes de levar à loucura o sistema endócrino que, em conjunto com o sistema nervoso, é responsável pela regulação e controle das funções do nosso corpo.

Estes impostores são conhecidos por várias designações: desreguladores endócrinos, disruptores endócrinos, interferentes endócrinos ou ainda perturbadores endócrinos. São encontrados em hormônios sintéticos, pesticidas, compostos usados na indústria do plástico, na produção de remédios, em produtos de beleza e higiene, e em uma série de outros bens de consumo modernos.

O que os torna nocivos é a capacidade que muitos têm de resistir aos processos naturais de decomposição. Eles se acumulam no meio ambiente e nos organismos, submetendo humanos e animais a uma contaminação em doses pequenas, porém de longa duração. É o que os cientistas chamam de *bioacumulação*. Na prática, quando um desregulador endócrino contamina o ambiente, cada ser vivo presente no meio afetado vai concentrar essa substância em seu organismo em um processo sucessivo e contínuo, o que acaba por expor toda a cadeia alimentar.

A literatura científica reúne vastas evidências dos efeitos deletérios na saúde pela exposição a essas substâncias, que se acumulam principalmente no tecido adiposo dos seres vivos, na gordura. Seus efeitos na saúde incluem disfunções da tireoide, atrofia dos testículos, abortos, redução da função do sistema imunológico e aumento de doenças infecciosas, problemas comportamentais e neurológicos, deformidades no nascimento, diminuição da fertilidade, entre outros.

Segundo os cientistas, mesmo em pequenas quantidades, estes compostos hormonalmente ativos podem causar todo tipo de estragos biológicos, particularmente aos expostos no útero. Durante este período, os seres estão muito vulneráveis e as mensagens químicas carregadas pelos hormônios podem interferir em processos vitais do desenvolvimento, que vão desde a diferenciação sexual à migração das células necessárias para a construção de um cérebro e nervos com bom funcionamento.

Há registros surpreendentes, por exemplo, de "desmasculinização e feminilização" de peixes, aves e mamíferos machos e também do oposto — a "desfeminilização e masculinização"de peixes e aves fêmeas. A grosso modo, essas substâncias fazem fêmeas e machos desenvolverem traços do sexo oposto.

Outros estudos indicam que a exposição a substâncias químicas hormonalmente ativas durante o período pré-natal, ou na idade adulta, aumenta a vulnerabilidade a certos tipos de câncer sensíveis aos hormônios, como tumores malignos de mama, próstata, ovários e útero.

Tudo isso veio à tona com o crescimento galopante da indústria de produção de substâncias químicas sintéticas a partir da segunda metade do século XX. Se por um lado essa indústria cria soluções incríveis em resposta às necessidades básicas ligadas à preservação e melhoria da vida humana, ela também reserva riscos perigosos que ainda são pouco estudados.

Na década de 1990, os pesquisadores Theo Colborn, Dianne Dumanoski e Pete Myears reuniram, pela primeira vez, todas as pesquisas, evidências e teorias que apontavam para a ameaça dos disruptores endócrinos no meio ambiente e na saúde dos seres vivos. Após estudar profundamente cada pista, eles relacionaram os defeitos congênitos, anomalias sexuais e falhas na reprodução verificadas em populações selvagens à mesma origem: os disruptores endócrinos.

O resultado de anos de apuração e análises detalhadas foi o lançamento, em 1996, do livro *Nosso Futuro Roubado* (do título em inglês *Our Stolen Future*), que explicava de maneira acessível aos leitores a ameaça potencial dessas substâncias para a vida como um todo e sua relação com uma indústria em plena ascensão. De acordo com a publicação, entre 1940 e 1982, a produção de materiais sintéticos aumentou cerca de 350 vezes, e bilhões de quilos de produtos químicos sintéticos foram despejados no meio ambiente, expondo os seres humanos, animais selvagens e todo o sistema planetário a inúmeros compostos nunca antes encontrados aqui.

Cabe destacar que mesmo compostos minuciosamente investigados para uso humano reservam surpresas quando lançados no meio ambiente. Remédios são um ótimo exemplo. Se a bula traz informações sobre ingredientes, dosagem, efeitos colaterais, riscos de interação com outros medicamentos e até cuidados de armazenamento, nada diz sobre os efeitos do descarte incorreto do fármaco, tampouco de eventuais efeitos no meio ambiente.

Quão vulnerável são os peixes no rio que recebe os efluentes de uma estação de tratamento de esgoto ou, pior, esgoto *in natura*? Um estudo publicado em 2003 na prestigiada revista científica *Nature* trouxe pistas alarmantes sob o título autoexplicativo *River Fish Acumulate Human Drugs: Anti-Depressant Ingredients Found in Animals Downstream of Sewage Plant* (*Peixes de rio acumulam drogas humanas: ingredientes de antidepressivos são encontrados em animais em águas a jusante de uma estação de tratamento de esgoto*, em tradução livre).

O artigo indicava que três espécies que vivem a jusante (no lado de baixo ou no sentido em que descem as águas de um rio) de uma estação de tratamento de água no estado norte-americano do Texas tinham acúmulo dos compostos ativos de dois antidepressivos populares nos Estados Unidos (Zoloft e Prozac) em seus cérebros, fígados e músculos.

Dez anos depois, outra pesquisa publicada na *Nature*, em 2013, indicou que quando os peixes nadam em águas contaminadas com medicamentos antidepressivos, eles se tornam ansiosos, antissociais, agressivos e, por vezes, até mesmo homicidas. Segundo os cientistas, os resíduos de remédios antidepressivos podem alterar genes responsáveis pela construção do cérebro do peixe e mudar seu comportamento.

A exposição à fluoxetina, princípio ativo do popular Prozac, analisado no estudo, teve um efeito peculiar em peixes do gênero masculino, de acordo com a pesquisa realizada por cientistas da Universidade de Wisconsin-Milwaukee, nos Estados Unidos. Na experiência de laboratório, quando expostos a pequenas doses dessas substâncias diluídas na água, os animais ignoravam as fêmeas e, na hora da caça, levavam mais tempo para capturar a presa. Quando a dose foi aumentada (mas de forma compatível com níveis encontrados em algumas das águas residuais coletadas), os machos tornaram-se ainda mais agressivos, matando as fêmeas em alguns casos. Os antidepressivos são os medicamentos mais comumente prescritos nos Estados Unidos: a cada ano são cerca de 250 milhões de prescrições. Também são as drogas mais documentadas por contaminar cursos de água no país.

Apesar da presença e dos efeitos dos fármacos na vida aquática, demonstrados em várias pesquisas, as autoridades de saúde costumam responder em coro que os níveis encontrados na água potável são baixos demais para causar danos aos seres humanos.

Em São Paulo, o diclofenaco seguido do ibuprofeno, dois analgésicos famosos, foram os compostos encontrados em maior concentração em uma análise na represa Billings. Por mais de meio século, o reservatório – que possui a mesma capacidade de armazenamento de todo o Sistema Cantareira, diga-se de passagem – recebeu uma carga indiscriminada de esgotos domésticos e industriais de toda a Grande São Paulo. Os resultados foram reunidos no artigo *Fármacos na Represa Billings*, publicado na *Revista Saúde e Ambiente*, em dezembro de 2005. Segundo os autores, "deve-se considerar que esses compostos não são facilmente eliminados no tratamento convencional da água e, mesmo em pequenas concentrações, podem estar presentes diariamente na água consumida pela população".

Atualmente, à exemplo das drogas que agem sobre o sistema nervoso central, a questão da exposição humana paira no centro do debate sobre os disruptores endócrinos: afinal, eles são uma ameaça à nossa saúde? Alguns céticos descartam essas preocupações argumentando que os efeitos hormonais de produtos químicos sintéticos são muito mais fracos do que as de hormônios naturais e que os seres humanos não estão expostos em quantidade suficiente para representar um perigo. De acordo com um relatório da Organização Mundial de Saúde de 2012, a quantidade de resíduos de remédios encontrada na água servida à população geralmente é mil vezes menor do que a dose necessária para implicar efeitos.

O problema é que não sabemos quão expostos estamos. É uma incógnita quantos dos bens de consumo no mercado contêm produtos químicos de desregulação hormonal e em que quantidade. Mesmo no caso de pesticidas, sobre os quais os governos mantêm supervisão mais de perto, é difícil obter dados claros e acessíveis sobre a produção de substâncias específicas.

É imprudente ignorar, contudo, os sinais que a natureza nos dá. Eles são claros indicadores de que algo está muito errado e que nosso estilo de vida tem parcela de culpa neste cartório. Tão relevante quanto identificar as ameaças para a saúde humana e combatê-las, é reconhecer que outros seres já estão sendo vítimas de um ataque silencioso à vida. Julgar os efeitos no meio ambiente algo de menor importância é o maior erro que podemos cometer. Conforme afirma Rachel Carson, "nosso destino está conectado ao dos animais". Por isso, devemos estar sempre vigilantes aos transtornos que lhes acometem.

## ELAS ESTÃO ENTRE NÓS: AS SUBSTÂNCIAS QUÍMICAS MAIS COMUNS NO COTIDIANO COM POTENCIAL DE PERTURBAÇÃO ENDÓCRINA

Estudo do Environmental Working Group, entidade americana especializada em saúde ambiental, apontou venenos ocultos em artigos comuns do dia a dia. Veja quais são eles.

### Bisfenol A ou BPA

O BPA é um composto usado na fabricação de policarbonato, utilizado na produção da maioria dos plásticos rígidos e transparentes, e também na produção da resina epóxi, que faz parte do revestimento interno de latas que acondicionam bebidas e alimentos.

Em 2011, a Agência Nacional de Vigilância Sanitária (Anvisa) decidiu proibir, no Brasil, a venda de mamadeiras de plástico que tenham a substância. O BPA pode enganar o corpo e fazê-lo pensar que é hormônio real. Na literatura médica, tem sido associado a diversos tipos de câncer e problemas reprodutivos, além de obesidade, puberdade precoce e doenças cardíacas.

### Dioxina

A dioxina é um subproduto de certos processos industriais, como produção de cloro, certas técnicas de branqueamento de papel e produção de pesticidas. Quase toda criatura viva já foi exposta às dioxinas. Essas substâncias, que se acumulam no corpo e na cadeia alimentar (incluindo o bife do almoço), são poderosos agentes cancerígenos e podem afetar também os sistemas imunológico e reprodutivo.

### Atrazina

O que acontece quando produtos químicos altamente tóxicos entram na natureza? Rãs transexuais podem ser uma das consequências. Pesquisadores descobriram que mesmo a exposição a baixos níveis do herbicida atrazina pode transformar rãs machos em fêmeas. A atrazina é amplamente utilizada na maioria das culturas de milho nos Estados Unidos e, consequentemente, é um contaminante de água potável. Essa substância tem sido associada a tumores da mama, à puberdade atrasada e inflamação da próstata em animais.

**Ftalatos**

Você sabia que nossas células são programadas para morrer a certa hora? Todo os dias, milhões delas morrem, e isso é perfeitamente saudável. Estudos têm mostrado, no entanto, que químicos chamados ftalatos também podem desencadear a "sinalização da morte" em células testiculares, fazendo-as morrer mais cedo do que deveriam. Outros estudos ligam os ftalatos a alterações hormonais, baixa contagem de esperma, espermatozoides menos móveis, defeitos congênitos no sistema reprodutor masculino, obesidade, diabetes e irregularidades da tireoide. Comumente usados para dar mais flexibilidade aos plásticos, os ftalatos podem ser encontrados por todos os lados – na cortina do box do chuveiro, em cabos elétricos, na cobertura do chassi do carro, nos plásticos das portas e também em esmaltes, em fragrâncias sintéticas de perfumes e até medicamentos. Raramente há a descrição literal "ftalato" nos rótulos dos produtos que consumimos. É mais comum encontrar nomes como: phthalates, dibutylphthalate (DBP), dimethylphthalate (DMP), diethylphthalate (DEP). Podem até aparecer os nomes em português também: butila, benzila, dibutila, diciclohexila, dietila, diisodecila, di-2-etilexila e dioctila. Eles são classificados pela Agência Internacional de Pesquisa sobre o Câncer (Iarc) como possivelmente carcinogênicos para humanos (grupo 2B).

Ftalatos têm uso autorizado no Brasil como aditivos plastificantes para embalagens plásticas em contato com alimentos segundo limites especificados na Resolução da Anvisa RDC nº 105, de 19 de maio de 1999. Em brinquedos e artigos infantis, estes compostos não podem estar presentes em concentração superior a 0,1% sobre a massa do material acabado em brinquedos destinados a crianças menores de 3 anos, atendendo à Portaria nº 369 que o Inmetro publicou no final de 2007. Ainda estão em andamento dois projetos de lei que tratam da proibição do uso de ftalatos em aparatos médicos, como cateteres, bolsas de sangue e bolsas de soro (Projeto de Lei nº 3.221/12) e em produtos infantis (Projeto de Lei nº 3.222/12).

### Perclorato

O perclorato, um componente usado nas indústrias armamentícia e pirotécnica, também está presente em agrotóxicos que podem contaminar a produção de leite, segundo o Environmental Working Group. Uma pesquisa chegou a identificar a presença dessa substância no leite de mulheres nos Estados Unidos. Quando absorvido pelo corpo, ele compete com o iodo e outros nutrientes. Ingerido em altas quantidades, pode alterar o equilíbrio hormonal da tireoide e afetar o desenvolvimento de fetos.

### Chumbo

Material químico chave para a criação de baterias de carro (três quartos de sua produção anual é destinada à indústria automotiva), o chumbo é frequentemente liberado no meio ambiente através de processos de reciclagem informais, sem controle de segurança ambiental, e também pela atividade de mineração. As principais formas de contaminação se dão pela ingestão de alimentos ou água contaminados e por inalação de partículas de poeira da substância. Os efeitos da exposição ao chumbo são devastadores e incluem danos neurológicos, redução de QI, anemia, distúrbios nervosos, perda de controle muscular e, em graus elevados, até a morte.

### Arsênico

Em seu estado elementar, o arsênico (ou arsênio) é um material cinza sólido, frequentemente encontrado no meio ambiente combinado com outros elementos. Seus compostos geralmente formam um pó branco ou incolor que não tem cheiro ou sabor, o que dificulta identificação do tóxico em alimentos, na água ou na atmosfera. O arsênico é largamente empregado em processos de fundição de metais e na conservação de madeira. Ele pode interferir no funcionamento normal do sistema hormonal glicocorticoide, que regula como os nossos corpos processam açúcares e carboidratos. A exposição crônica ao excesso de arsênico na água potável tem sido fortemente associada com aumento do risco de vários tipos de câncer, diabetes, doenças cardíacas e problemas reprodutivos e de desenvolvimento em humanos. Estudo da Faculdade de Medicina de Dartmouth, em Hanover, também encontrou indícios de que o arsênico pode perturbar a regulação gênica por meio do receptor do ácido retinoico. Simplificando: ele é capaz de interferir no processamento da sequência de DNA.

### Mercúrio

Usado em centenas de aplicações, da produção de gás cloro e soda cáustica à composição de amálgamas dentárias e baterias, o mercúrio assume sua forma mais ameaçadora à saúde humana durante o garimpo de ouro e pela queima de carvão, que libera a substância no ambiente. Neurotoxina potente, este metal pode causar danos irreversíveis ao cérebro. Entre os sintomas da contaminação, estão dormência em braços e pernas, visão nebulosa, letargia e irritabilidade, problemas renais e intoxicações pulmonares, além de gerar mudanças nas concentrações hormonais e afetar o desenvolvimento fetal.

### Produtos químicos perfluorados (PFCs)

Outro composto tóxico comumente utilizado em uma série de produtos do cotidiano é o PFC, sigla em inglês de produtos químicos perfluorados. Eles são considerados poluentes orgânicos persistentes (POPs), resistindo às degradações no ambiente. A exposição ocorre através da nossa dieta, de alimentos embalados ou cozidos em materiais que contenham PFCs, e através da cadeia alimentar e poluição da água. Na indústria, os PFCs são usados para fabricar artigos como panelas não aderentes (de teflon), embalagens de pipoca para micro-ondas, tecidos e tapetes tratados com o composto para ficarem impermeáveis à água, revestimentos de papel e de cosméticos. Seus efeitos potenciais na saúde incluem alterações na função da tireoide em homens e mulheres.

### Pesticidas organofosforados

Compostos organofosforados estão presentes em pesticidas comumente utilizados na produção de frutas e vegetais. Estudos associam seu uso à redução na produção de testosterona e na interrupção do processo eletroquímico que os nervos utilizam para se comunicar uns com os outros e também com os músculos.

### Éteres de glicol

Éteres de glicol são solventes comuns em tintas, produtos de limpeza, cosméticos e fluidos de freios. Segundo a pesquisa do Environmental Working Group, ratos expostos a esses produtos químicos durante experimentos apresentaram redução dos testículos e da produção de espermatozoides. A União Europeia diz que alguns destes produtos químicos podem prejudicar a fertilidade ou o feto.

### Tolueno ou metilbenzeno

Esta substância caracteriza o que ficou popularmente conhecido no Brasil como cola de sapateiro, apesar de estar presente em outros tipos de colas, como as utilizadas na marcenaria. Ela também é usada como solvente, em pinturas, revestimentos, borrachas e resinas. A exposição materna ao tolueno tem sido associada a problemas de desenvolvimento cerebral e *deficit* de atenção na criança.

## Bifenilos policlorados – PCBs

PCBs são considerados uns dos poluentes orgânicos com maior potencial de toxicidade no mundo. Durante muito tempo, eles foram usados na área indústrial como estabilizante de diversas formulações de plásticos e borrachas especiais, principalmente PVC. Devido à resistência às altas temperaturas (aguenta até 600 graus Celsius), essas substâncias também foram largamente utilizadas como isolantes térmicos, para reduzir riscos de incêndios em transformadores e subestações elétricas. Estudo da Escola de Saúde Pública de Harvard e da Escola de Medicina Monte Sinai, em Nova York, alerta que esta família de produtos químicos tem sido rotineiramente associada à função cognitiva reduzida na infância. Os PCBs podem entrar no corpo através de contato com a pele, por inalação de vapores ou por ingestão de alimentos (como peixes ou carnes) que contenham resíduos do composto.

Em 1981, a Portaria Interministerial nº 19 proibiu a comercialização e o uso das PCBs em todo o território brasileiro. Por sua persistência no meio ambiente (ele não degrada naturalmente), ainda há registros de contaminação ambiental desde o litoral norte até a região sul do país. No Estado de São Paulo ocorrem em áreas contaminadas, notificadas pela Cetesb.

## Éteres de difenila polibromados (PBDEs)

Os compostos conhecidos como polibromados éteres difenil (PBDEs) são amplamente utilizados como retardadores de chama, para proteger móveis, tapetes e roupas, entre outros artigos. Estudos na Europa e nos Estados Unidos sugerem que os PBDEs podem ser neurotóxicos e causar *deficit* de desenvolvimento neurológico em crianças com o aumento da exposição durante a gravidez. Análises da Agência de Proteção Ambiental Americana (EPA, na sigla em inglês) encontraram vestígios da substâncias no ar e em poeira de casas e escritórios, em alimentos de origem vegetal e animal e até no leite materno.

### Tetracloroetileno ou percloroetileno

Em Massachusetts, nos Estados Unidos, uma pesquisa com crianças que foram expostas no pré-natal ao percloroetileno em água potável mostrou tendência para deficiências na função neurológica e risco aumentado de problemas psiquiátricos. Líquido incolor e volátil à temperatura ambiente, ele é usado como desengraxante de peças metálicas, em processo de lavagem a seco na indústria têxtil, e produtos de limpeza e de borracha laminada. A Agência Internacional de Pesquisa em Câncer (Iarc) classifica o tetracloroetileno como provável cancerígeno humano (Grupo 2A).

### Fluoreto

O fluoreto, vulgo flúor, é uma das substâncias que mais tem gerado polêmica nos últimos anos. Recentemente, a prestigiada revista científica *The Lancenet Neurology* reclassificou o flúor como uma neurotoxina. O saldo de 27 estudos com crianças expostas a níveis elevados de flúor na água potável, principalmente na China, sugeriu um decréscimo médio de QI de cerca de sete pontos. A maioria destes estudos tinha níveis de flúor da água inferiores a quatro miligramas por litro, estando dentro do nível permitido em países como os Estados Unidos.

A constatação apimenta as discussões sobre a onipresença do flúor no nosso cotidiano. Ele está presente em uma variedade de cremes dentais e antissépticos bucais, mas é na água potável que é amplamente encontrado. A prática de adicionar a substância na água entregue à população ganhou fama nos anos 1960, sob a crença de que fortaleceria a saúde bucal, evitando o aparecimento de cáries. Além de contar com aval da Organização Mundial de Saúde (OMS), alguns estudos comprovam a eficácia do flúor de 30% a 60% na prevenção do distúrbio dentário. Mas uma leva cada vez mais crescente de pesquisas alerta que o processo de fluoretação da água pode trazer riscos à saúde.

Há indícios de que, em dosagem elevada, o flúor pode desencadear problemas gástricos e um distúrbio chamado fluorose dentária, caracterizado por manchas esbranquiçadas ou amareladas nos dentes. Opositores à aplicação artificial dessa substância na água argumentam que outros ossos do corpo também poderiam absorver este excesso, o que os deixaria mais frágeis, aumentando os riscos de fraturas. Nos Estados Unidos, mais de duas centenas de cidades baniram ou estudam acabar com a prática de fluoretação da água, motivadas tanto pela economia de recursos financeiros, quanto pelo ceticismo com relação ao benefício real do processo comparado aos seus riscos. Diante da polêmica, o governo americano recomendou a redução da concentração de fluoreto para 0,7 partes por milhão ou 0,7 miligrama de flúor por litro. Atualmente, a concentração máxima permitida por lá é de quatro partes por milhão.

No Brasil, o assunto é regulamentado pela Portaria nº 518, de 2004, do Ministério da Saúde. O Valor Máximo Permitido (VMP) de fluoreto é de 1,5 partes por milhão, ou seja, 1,5 miligrama de fluoreto por litro de água. Na maior parte do território brasileiro, no entanto, o teor ideal do flúor na água é 0,7 parte por milhão ou 0,7 miligrama de flúor por litro. Menos do que 0,6 parte por milhão, a fluoretação é ineficaz. A informação está no *Manual de Fluoretação da Água para Consumo Humano*, produzido pelo Ministério da Saúde e disponível na internet. É importante destacar que o teor de flúor na água é definido de acordo com as condições climáticas de cada região, em função do consumo médio diário de água por pessoa. Por isso, a concentração de fluoreto na água observa a legislação ambiental específica vigente de cada Estado, que pode ser mais restritiva que a federal (nunca o contrário). Para o Estado de São Paulo, por exemplo, o teor ideal de flúor é de 0,7 miligrama por litro podendo variar entre 0,6 a 0,8 miligrama por litro.

Apesar do que determina a lei, extrapolações são cometidas. Em novembro de 2013, a 7ª Câmara de Direito Público do Tribunal de Justiça de São Paulo (TJSP) condenou a Companhia de Saneamento Básico do Estado de São Paulo (Sabesp) e a Prefeitura de Pilar do Sul a fornecer em tratamento médico-odontológico às crianças e aos adolescentes que contraíram fluorose por conta do excesso de flúor na água fornecida à população de três bairros da cidade. De acordo com o comunicado do TJSP, o laudo pericial concluiu que o teor de flúor em amostras colhidas na água da rede pública estava acima do limite estabelecido. O nível constatado foi de 5,3 miligramas por litro. "A Sabesp alegou não ter culpa pelo surgimento da enfermidade, pois teria passado a cuidar do tratamento de água nos bairros afetados a partir de junho de 2000. Para a Prefeitura, a empresa teria responsabilidade pelo fornecimento de água de má qualidade."

Tendo em vista que nossa exposição ao flúor supera aquela que sai da torneira – consumimos alimentos e bebidas que usam água potável, além de uma série de produtos de higiene bucal que contêm essa substância –, cabe a pergunta: já não extrapolamos os limites considerados seguros? E quão seguros são esses limites diante da recente descoberta científica do potencial de desregulação endócrina do flúor? São questões ainda sem respostas.

**Triclosan e triclocarban: perigo nos produtos bactericidas**

A febre dos produtos antibacterianos também é alvo de estudos dos cientistas. Você já deve ter reparado que as propagandas costumam vender sabonetes bactericidas como um aliado das mães modernas na guerra contra a sujeira das crianças, não? Pois os pequenos estão entre os mais vulneráveis aos riscos de desregulação endócrina associados a estes produtos, ao lado de mulheres grávidas e fetos. Um estudo da Sociedade Americana de Química (ACS, na sigla em inglês) indica que o triclosan e o triclocarban, dois assassinos de germe comumente empregados em sabonetes, detergentes e outros produtos antibacterianos de uso diário, representam um sério risco à saúde. Fórmulas com essas substâncias podem interferir no sistema endócrino dos seres humanos e afetar o desenvolvimento de fetos. Grávidas e crianças são os grupos mais vulneráveis.

Os pesquisadores detectaram triclosan em todas as amostras de urina de mulheres grávidas que analisaram e em cerca de metade das amostras de sangue do cordão umbilical. Isso significa que a substância é transferida das mães para os fetos. Triclocarban também apareceu em muitas das amostras. "Se você cortar a fonte de exposição, eventualmente, o triclosan e triclocarban seriam rapidamente eliminados pelo corpo humano, mas a verdade é que fazemos uso universal destes produtos químicos e, portanto, também sofremos uma exposição universal", disse o doutor Rolf Halden, principal investigador do estudo pela Universidade Estadual do Arizona.

Há um crescente corpo de evidências que mostram que os compostos podem levar a problemas de desenvolvimento e reprodutivos em animais e, potencialmente, em humanos. Em estudos com animais foi demonstrado que essas substâncias atrapalham a regulação dos hormônios da tireoide (que afetam o metabolismo e o desenvolvimento do cérebro), a síntese de testosterona (diminuindo a contagem de espermatozoides) e ação do estrógeno (causando início precoce da puberdade).

A exposição ao triclosan também é associada ao enfraquecimento dos músculos do coração e dos músculos esqueléticos. Em pesquisa da Universidade da Califórnia em Davis, peixes expostos ao triclosan no ambiente aquático eram incapazes de nadar corretamente. E ratos tiveram redução de 25% nas contrações dos músculos do coração 20 minutos após terem sido expostos a uma pequena dose da substância.

Além disso, algumas pesquisas sugerem que os aditivos podem contribuir para a resistência aos antibióticos, um problema crescente de saúde pública. Para piorar, a maioria destes produtos vai parar no esgoto, atingindo cursos de água e sendo transportados amplamente por todo o ambiente. Triclosan é um dos produtos químicos mais frequentemente detectados em riachos em todo os EUA e ambos, triclosan e triclocarban, são encontrados em altas concentrações nos sedimentos de lodo de esgoto, onde podem persistir por décadas.

## REGULAÇÃO

Nos Estados Unidos, o Food and Drug Administration (FDA) e a Agência de Proteção Ambiental (EPA) estão revendo o uso e os efeitos desses compostos. Recentemente, Minnesota se tornou o primeiro Estado americano a aprovar uma proibição sobre o uso de triclosan em determinados produtos; a lei entrará em vigor em janeiro de 2017. Algumas empresas, como a Johnson & Johnson e Procter & Gamble anunciaram que estão retirando o composto de alguns produtos.

No Brasil, o triclosan é regulado pela Agência Nacional de Vigilância Sanitária (Anvisa). A concentração máxima permitida é de 0,3% em produtos de higiene pessoal, cosméticos e perfumes. Não há, contudo, qualquer tipo de recomendação de limitação ou condições de uso. Já o triclocarban consta na lista de substâncias que os produtos de higiene pessoal e cosméticos não devem ter, salvo algumas exceções – ele pode aparecer em produtos destinados a serem enxaguados em uma concentração máxima no produto final de 1,5%. Nem sempre é fácil identificar sua presença nos rótulos. O triclocarban pode apresentar vários nomes, como: cutisan, solubacter, trilocarban, cusiter, genoface, procutene, TCC, 3,4,4'-trichlorodiphenylurea, carbanilide, septivon-lavril, trichloro carbanilide, urea-based compound, entre outros.

## Coquetel tóxico à solta

Se os efeitos de cada produto, isoladamente, assustam, imagine quando dois ou mais deles se encontram, por exemplo, no esgoto doméstico? Pouco se sabe sobre o resultado das interações entre diferentes químicos no meio ambiente. É um desafio para a ciência, que ainda expande seus dados sobre os compostos individuais.

O descompasso é compreensível, mas representa riscos. Por ano, cerca de mil novas substâncias químicas entram no mercado, incorporadas em novos produtos. Engana-se quem pensa que todas elas são testadas minuciosamente por um eventual potencial de perturbação endócrina. Mesmo em um universo compacto, digamos em nossa própria casa, o consumo de produtos que desce ralo abaixo nas atividades mais banais é de impressionar.

Estima-se que uma pessoa use cerca de dez produtos químicos diferentes para higiene e beleza antes mesmo de sair de casa em um único dia. Sabonete de rosto, pasta de dente, creme de barbear, hidratante corporal, desodorante, sabonete de corpo, xampu, enxaguante bucal... é só completar a lista.

Junte aos artigos de cuidado pessoal, os produtos de limpeza para casa (detergentes, água sanitária, desinfetantes, sapólio, sabão em pó, removedor etc.), os remédios e outros fármacos, desde pílulas anticoncepcionais e analgésicos até os tarja-pretas (como antidepressivos, ansiolíticos e remédios para controle de *deficit* de atenção e hiperatividade), produtos de uso veterinário, químicos industriais, agrotóxicos, e *voilà*: temos um coquetel tóxico que se espalha no meio ambiente usando a água como principal meio de transporte.

Essas micropartículas sintéticas expelidas em doses cavalares na natureza passam praticamente incólumes pelos atuais sistemas de tratamento de esgoto e água. É aí que o botão de emergência deve disparar.

Nos últimos 30 anos tem crescido a suspeita de que a presença dessas substâncias na água pode estar associada a casos de infertilidade, especialmente em homens, e também à menstruação cada vez mais precoce nas mulheres, condições ainda sem explicação clara pela ciência. Os efeitos dos perturbadores endócrinos muitas vezes evidenciam-se a longo prazo, após anos de acumulação nos organismos, a partir de ingestões mínimas durante a vida.

Eles agem como verdadeiros fantasmas da água, que só podem ser desvendados pela lente da moderna Química Analítica. Por serem resistentes aos processos físicos e químicos de tratamento da água, eles fazem parte de um grupo crescente chamado de poluentes emergentes.

À frente das pesquisas sobre o tema no Brasil está o Instituto Nacional de Ciências e Tecnologias Analíticas Avançadas (INCTAA), fruto da investida de pesquisadores do Instituto de Química da Universidade de Campinas (Unicamp) e do qual participam inúmeras instituições de ensino e pesquisa do país. Seus cientistas avaliam a qualidade da água quanto à existência de traços de pesticidas, fármacos, hormônios, nanomateriais, produtos de higiene pessoal, plastificantes, entre outros.

Quatro anos de dedicação aos poluentes emergentes foram suficientes para os pesquisadores desenharem um cenário, no mínimo, tenebroso. Um cenário marcado pela quase onipresença dessas substâncias na água que consumimos – mesmo a tratada segundo as normas atualmente existentes –, algumas em maior quantidade, outras em menor.

"O número dessas substâncias é muito grande e, recentemente, algumas delas têm mostrado efeitos preocupantes associados à sua toxidez e atividade estrogênica", dizem os cientistas na introdução do livro *Cafeína em água de abastecimento Público no Brasil*, lançado em 2014 e que reúne os resultados de anos de pesquisas do Instituto.

Cafeína? Você deve estar se perguntando. É isso mesmo. Os pesquisadores usaram cafeína como indicador da qualidade das águas. Quanto maior a quantidade de cafeína encontrada em coletas de água de abastecimento, maior a possibilidade de haver outros poluentes emergentes oriundos de produtos de higiene, hormônios, fármacos etc.

A escolha da cafeína também se deveu à popularidade de bebidas à base dessa substância por aqui, como chás, refrigerantes, chocolates, energéticos e, claro, o bom e velho cafezinho. Em média, segundo os autores, uma xícara de 240 mililitros de café contém cem miligramas do composto. Cafés expressos possuem maiores teores, variando entre 240 e 720 miligramas de cafeína por xícara. Além disso, a cafeína está presente em medicamentos para resfriados, alergias e em analgésicos. Classificada como um poluente emergente, quando presente em ambientes aquáticos naturais, a cafeína pode causar efeitos adversos tanto em microrganismos quanto em peixes e anfíbios.

Em dois momentos entre julho e setembro de 2011 e 2012, os pesquisadores coletaram amostras de água para consumo humano em 22 capitais brasileiras, centros mais populosos do país. De um total de cem amostras, a cafeína foi identificada em 93. Para os pesquisadores, o resultado é reflexo do cenário de saneamento no Brasil. A presença de cafeína em quase todas as amostras nada mais é do que consequência do despejo de esgoto *in natura* e/ou com tratamento deficiente nos mananciais que abastecem as capitais.

Em pleno século XXI, mais da metade da população brasileira sequer tem coleta de esgoto. Nas cem maiores cidades do país, 60% do esgoto coletado ainda não tem tratamento adequado. Estamos falando de cerca de 3,2 bilhões de metros cúbicos de esgoto (o equivalente a um volume de 3.500 piscinas olímpicas) despejados diariamente nos rios do país. Garantir o saneamento universal é o mínimo a que todo cidadão deve ter direito e um passo gigantesco na melhoria da saúde do meio ambiente brasileiro e das populações.

Mas a realidade é paradoxal. Conforme descreve o professor Wilson Jardim, um dos líderes da pesquisa sobre poluentes emergentes, "embora faça parte de um seleto grupo, estando entre as dez maiores economias mundiais, o saneamento no nosso país nos coloca mais numa posição de extrema pobreza".

Mesmo onde o esgoto é coletado e devidamente tratado, a remoção dos contaminantes emergentes deixa a desejar. "As ETAs (estações de tratamento de água) brasileiras normalmente produzem água de abastecimento por meio do tratamento de águas provenientes de mananciais de superfície. Assim como nas ETEs (estações de tratamento de esgoto), os processos convencionais de tratamento nas ETAs não são eficientes para a eliminação de cafeína, apontou o estudo.

À essa altura você deve estar se perguntando: mas se eu bebo café e outros produtos cheios de cafeína todos os dias, qual o risco para a saúde da cafeína encontrada na água, afinal? De acordo com o estudo, a presença de cafeína em água potável não é motivo de preocupação quanto à exposição ao composto, pois a concentração nessas amostras é da ordem de mil a cem mil vezes inferior ao que se encontra numa xícara de café. Então por que todo essa alarde? É que, como dissemos, a cafeína funciona como uma espécie de dedo-duro de outros contaminantes perigosos presentes na água distribuída à população.

Em 2011, uma pesquisa pioneira do Instituto de Química de Campinas testou 96 amostras de água de superfície na região e mostrou a correlação entre as concentrações de cafeína e o potencial de estrogenicidade das amostras, ou seja, a capacidade de gerar disfunções hormonais.

Quanto maior a concentração de cafeína, maior a probabilidade de que uma dada amostra de água apresente atividade estrogênica. A pesquisa concluiu que a cafeína pode ser usada como indicador de atividades estrogênicas em programas de qualidade de água para avaliar a presença de contaminantes emergentes, como os disruptores endócrinos. Uma técnica relativamente simples e barata quando comparada a programas mais sofisticados pelo mundo.

Se a ameaça dos poluentes emergentes é clara e se o Brasil possui cientistas especializados no tema e meios de monitoramento acessíveis, por que substâncias como os perturbadores endócrinos ainda passam incólumes pelas nossas estações de tratamento?

Bom, primeiro é importante ressaltar que não se trata de uma peculiaridade brasileira. Frutos da moderna sociedade de consumo ciclópico, os poluentes emergentes são um desafio para todos os países e a comunidade científica. Técnicas de remoção dessas substâncias existem, porém são muito caras e, por isso, raramente aplicadas em larga escala. E os pesquisadores ainda precisam empreender esforços monumentais para identificar essas substâncias e entender seus efeitos e interações no meio ambiente. Não é tarefa fácil, afinal é preciso desenvolver formas de avaliar com sensibilidade e precisão os possíveis impactos relacionados à contaminação e exposição dos seres humanos e outros animais aos químicos desreguladores.

Mas há outra razão: as mudanças na legislação simplesmente não se dão no mesmo ritmo da ascensão do problema. Apesar de as normas brasileiras regularem a presença de alguns contaminantes na água, estes limites não são estabelecidos tendo em vista o potencial de interferência endócrina dos compostos, mas outros riscos, como a possibilidade causar câncer ou ser tóxico.

No Brasil, os padrões de qualidade da água para abastecimento público estão previstos na Portaria nº 2.914/2011 do Ministério da Saúde, que revogou a Portaria nº 518/2004. Neste instrumento legal, são estabelecidos os procedimentos e responsabilidade relativos ao controle e vigilância da qualidade da água para consumo humano e seu padrão de potabilidade. Há parâmetros para metais pesados, como mercúrio, chumbo e cobre, substâncias inorgânicas como cianeto e arsênio, compostos orgânicos e agrotóxicos como Atrazina, DDT, Endossulfan, Glifosato e Endrin.

Outro instrumento legal é a Resolução Conama nº 357, de 17 de março de 2005, que classifica os corpos d'água superficiais em função de seus usos previstos – água doce, salina e salobra (e suas subclasses) – e também determina padrões para os efluentes. São definidos valores para diversas substâncias, algas e microrganismos, além de compostos presentes em agrotóxicos e solventes. A norma ressalta que o bem-estar humano, bem como o equilíbrio ecológico aquático, não devem ser afetados pela deterioração da qualidade da água, e que o controle da poluição está diretamente relacionado com a proteção da saúde, garantia do meio ambiente ecologicamente equilibrado e a melhoria da qualidade de vida.

Naturalmente, como uma grande parte de poluentes emergentes, incluindo os disruptores endócrinos, não tem valores definidos em lei, eles passam invisíveis pelas estações de tratamento de água do país.

Já em 2002, em artigo intitulado *Vigilância sanitária e desreguladores endócrinos* (do inglês *Health surveillance and endocrine disruptors*), o pesquisador William Waissmann alertava: "O fato das normas existentes não especificarem os efeitos hormonais adversos ou mesmo os indicadores analíticos seguros para os poluentes emergentes promove uma falsa sensação de proteção por parte das agências reguladoras. Adicionalmente, a falta de consenso entre essas organizações, aliada à carência de incentivos por parte da legislação brasileira para o aperfeiçoamento de pesquisas na área, não favorece o conhecimento da toxicidades dessas substâncias pela população brasileira. É de suma importância e urgência a elaboração de políticas que estabeleçam padrões de qualidade aos perturbadores endócrinos, sem o qual não é possível mensurar o risco que essas substâncias representam à população".

O desafio, portanto, é duplo: de um lado, expandir os serviços de saneamento à toda a população; do outro, rever os parâmetros de controle de qualidade da água, tanto da que sai das estações de tratamento de esgoto, quanto da que é servida nas torneiras das casas brasileiras.

# MUDANÇAS CLIMÁTICAS E O NOSSO FUTURO INCERTO

Entre estradas ladeadas por cadáveres e destroços, os sobreviventes do tufão Haiyan, que devastou a cidade de Tacloban, nas Filipinas, no dia 9 de novembro de 2013, desbravavam seu caminho rumo a uma das dezenas de zonas de resgate onde aeronaves com capacidade para até 5 mil passageiros aguardavam liberação para levantar voo. Era chegado o momento de reconstruir a vida que foi abruptamente interrompida. Um recomeço carregado de dor e desencontros. No olhar de quem sobreviveu, a imagem do pesadelo parecia ressuscitar de tempos em tempos. Não poderia ser diferente: para onde quer que se olhasse, o cenário era de destruição generalizada. Como esquecer?

O tufão Haiyan foi o desastre natural mais fatal do mundo naquele ano, com cerca de 6 mil mortos, e o segundo mais caro, somando perdas de US$ 10 bilhões, segundo um levantamento da companhia de seguros Munich Re.

Cinco meses antes da tragédia filipina, em junho, a Europa central enfrentava sua pior cheia em mais de uma década. Vários dias de chuvas torrenciais formaram um paredão de águas que passavam da metade das fachadas de prédios centenários e por onde botes salva-vidas seguiam em alta velocidade ao resgate de quem estava ilhado em casa. Mais de 10 mil pessoas foram obrigadas a deixar seus lares e buscar segurança em abrigos improvisados em escolas e ginásios. Alemanha, República Checa e Áustria entraram em alerta máximo pelas inundações, que mataram pelo menos 25 pessoas e geraram US$ 15,2 bilhões em perdas, o desastre natural mais caro de 2013.

As catástrofes naturais provocadas por extremos do clima custaram, ao todo, US$ 125 bilhões em nível mundial no ano passado, segundo a Munich Re. No total dos 880 desastres ocorridos, mais de 20 mil pessoas morreram.

O ano de 2013 também ardeu. Ao lado de 2007, foi considerado o sexto ano mais quente já registrado, com temperatura média da superfície global cerca de 0,50 °C acima da média de 1961-1990, e 0,03 °C acima da média registrada entre 2001 e 2010. Em verdade, quem tem 14 anos, ou já passou dessa fase, presenciou, ou melhor, sentiu na pele, algo histórico. De acordo com o relatório *O Estado do Clima* da Organização Meteorológica Mundial (OMM), 13 dos 14 anos mais quentes da história ocorreram desde 2000. Os recordes anuais são de 2010 e de 2005, com temperaturas globais cerca de 0,55 °C acima da média, seguido por 1998, marcado por um evento excepcionalmente forte de El Niño. Segundo a OMM, cada uma das três últimas décadas tem sido mais quente do que a anterior, culminando com 2001-2010 sendo a década mais quente desde que começaram os registros oficiais, em 1850.

No ano passado, as temperaturas elevadas atingiram com maior intensidade o hemisfério sul. Foi o mais quente na Austrália (que estabeleceu mais de 150 recordes de altas temperaturas durante o verão), o segundo mais quente no caso da Argentina e o terceiro mais quente na Nova Zelândia. O calor intenso também levou à pior seca em 50 anos no Nordeste brasileiro.

A temperatura da superfície é uma das variáveis de tempo e clima mais familiares e consistentemente medidas pelo cientistas – e tem conexão com as mudanças climáticas a longo prazo. Não podemos esquecer que, de todos os planetas, a Terra tem uma temperatura de superfície amigável à vida. Essa característica resulta do equilíbrio entre a entrada de luz solar e a saída de energia térmica, o calor irradiado de volta para o espaço por todas as partes do ecossistema planetário, dos solos para os oceanos, para nuvens e, especialmente, pelos gases na atmosfera. A tendência de aquecimento de longo prazo da Terra mostra que o equilíbrio foi alterado.

No findar do ano, uma onda de ventos congelantes se espalhou pela América do Norte, provocando tempestades de neve e sensação térmica que chegava aos -50 °C em alguns lugares dos Estados Unidos e do Canadá, um recorde em décadas. Na ocasião, céticos do clima correram para as redes sociais, TVs e outras mídias para questionar a realidade do aquecimento global. Afinal, como pode fazer tanto frio se o mundo está ficando mais quente? O tempo frio é, pela própria definição da Agência Espacial Americana (Nasa), uma condição determinada da atmosfera ao longo de um curto período de tempo.

Para a maioria dos cientistas do clima, nenhuma condição de tempo passageira pode ser diretamente atribuída às mudanças climáticas. Mas quando se fala em padrão, a coisa muda. Aqueles que pensam que o tempo frio refuta a mudança climática (ou querem fazer crer tal relação), ignoram um corpo sólido e crescente de evidências.

Por mais contra intuitivo que pareça, o aquecimento global pode contribuir, de maneira indireta, para o recorde de frio. O fator-chave aqui é um mecanismo de mudança climática conhecido como amplificação do Ártico. Neste momento, a região do Ártico está se aquecendo rapidamente. E alguns cientistas acreditam que isso pode gerar efeitos imprevisíveis como, por exemplo, causar tempestades ou ondas de calor que se manteriam em um lugar por longos períodos de tempo. Ou, ainda, permitir explosões maiores de jatos de ar frio do Ártico até os Estados Unidos, como aconteceu no final de 2013 e começo de 2014 nos hemisfério norte.

É impossível ignorar que o tempo também está se tornando mais extremo, mais quente, mais frio, mais úmido e seco do que antes. Se tempestades como o tufão Haiyan não podem ser diretamente ligadas à mudança climática, é preciso lembrar o que os cientistas do clima já disseram e repetem à exaustão: o mundo deve se preparar para eventos tão furiosos à medida que o planeta se torna mais quente.

No debate sobre mudanças climáticas, é comum ouvir que o pior ainda está por vir. Mas ao olhar para uma mãe filipina em prantos com uma criança no colo em meio às ruínas deixadas por um tufão, ao confrontar os profundos e crescentes sofrimentos impingidos a milhares de pessoas pelos desastres naturais e o aumento desses fenômenos extremos em quantidade e intensidade, não dá para ignorar o óbvio: nós já vivemos o pior que poderíamos em nossa geração. E nossos filhos e nossos netos enfrentarão – se nada for feito até lá - o que de pior poderão viver no seu tempo.

## CAROS E DOLOROSOS

Secas, enchentes, furacões, incêndios e temperaturas extremas estão em ascensão em todo o mundo, causando perda de vidas e atrasando o desenvolvimento econômico e social por anos, senão décadas. Os números estão aí para provar.

De 1970 a 2012, 8.835 desastres naturais causaram cerca de 1,94 milhão de mortes e danos econômicos de US$ 2,3 trilhões globalmente, quase um Brasil em PIB, aponta um estudo da OMM. O *Atlas de Mortalidade e Perdas Econômicas* ligadas a extremos do clima e desastres relacionados à água descreve a distribuição e os impactos das catástrofes naturais ao longo de quatro décadas.

Tempestades e inundações foram responsáveis por 79% do número total de desastres, causando 55% das mortes e 86% de perdas econômicas no período, de acordo com o *Atlas*. Já as secas causaram 35% das mortes, principalmente devido às severas secas africanas de 1975 e 1983-1984.

O relatório destaca a importância de informações históricas georreferenciadas sobre mortes e danos para estimar os riscos antes de ocorrer o próximo desastre. Essas informações podem apoiar decisões práticas na redução dos impactos, a partir, por exemplo, da melhoria dos sistemas de alerta precoces, do reforço da infraestrutura para situações críticas ou da reformulação das regras para novas construções.

O Atlas também fornece detalhes sobre as catástrofes no nível regional.

### África

De 1970 a 2012, 1.319 desastres registrados causaram a perda de 698.380 vidas e prejuízos econômicos de US$ 26,6 bilhões. Embora as inundações tenham sido o tipo mais recorrente de desastre (61%), as secas levaram ao maior número de mortes.

### Ásia

Cerca de 2.681 desastres foram registrados no período de 1970 a 2012, causando a perda de 915.389 vidas e prejuízos econômicos de US$ 789 bilhões.

A maioria destes desastres foi atribuída a inundações (45%) e tempestades (35%).

Apesar da menor ocorrência, as tempestades fizeram o maior número de mortos (76%), enquanto inundações causaram a maior perda econômica (60%).

### América do Sul

De 1970 a 2012, 696 desastres resultaram em 54.995 vidas perdidas e US$ 71,8 bilhões em prejuízos econômicos.

No que diz respeito aos impactos, as inundações causaram a maior perda em óbitos (80%) e as maiores perdas econômicas (64%). O evento mais significativo no período foi a inundação e o deslizamento de terra que ocorreu na Venezuela no final de 1999, causando 30 mil mortes.

### América do Norte, América Central e Caribe

Foram 631 desastres que causaram a perda de 71.246 vidas e prejuízos econômicos somados de US$ 1 trilhão. A maioria dos desastres registrados nestas regiões foi atribuída a tempestades (55%) e inundações (30%).

### Sudoeste do Pacífico

A região registrou 156 desastres no período entre 1970 a 2012, que resultaram em 54.684 mortes e US$ 118,4 bilhões em perdas econômicas. Tempestades respondem por 46% dos danos e inundações, por 38%.

### Europa

Foram 352 desastres registrados que ceifaram 149.959 vidas e causaram US$ 375,7 bilhões em prejuízos econômicos. Inundações (38%) e tempestades (30%) foram os desastres mais relatados, mas temperaturas extremas levaram à maior proporção de óbitos (94%). Ao todo, 72.210 pessoas morreram durante a onda de calor infernal que atingiu a Europa em 2003 e outras 55.736 foram a óbito durante a onda de calor de 2010 na Rússia.

*Eventos mais mortais relacionados aos extremos do clima*

Dos 8.835 desastres naturais relacionados a mudanças no tempo e no clima entre 1970 e 2012, como enchentes, secas e furacões, mais da metade pode ser atribuída a apenas dez tragédias. Veja a seguir quais foram as catástrofes naturais mais mortais e onde elas causaram mais dor e ruína.

1. Seca na Etiópia (1983)

Número de mortos: 300 mil

Da seca mais fatal da Etiópia, saíram imagens que chocaram o mundo: crianças, homens e mulheres esqueléticos, vítimas da fome que tomou conta do país após a quebra das safras agrícolas. O número escandaloso de óbitos foi atribuído à demora do governo em agir e também à leniência de outras nações em prestar socorro.

2. Ciclone em Bangladesh (1970)

Número de mortos: 300 mil

Em novembro de 1970, um poderoso ciclone chamado Bhola inundou muitas ilhas no Delta do Rio Ganges, destruindo inúmeros vilarejos e plantações. A cidade mais afetada foi Thana de Tazumuddin, onde 45% de sua população morreu como consequência da passagem do ciclone. Na época, os danos econômicos foram estimados em US$ 86,4 milhões.

3. Seca no Sudão (1984)

Número de mortos: 150 mil

Num lugar onde mais de 80% da população mora no campo e depende da agricultura e criação de animais para sobreviver, a escassez de água é tragédia anunciada. A grande seca de 1984 no Sudão levou à fome, a epidemias, a deslocamentos em massa, a conflitos tribais e, inevitavelmente, ao aumento da mortalidade

4. Ciclone em Bangladesh (1991)

Número de mortos: 198.866

Em 29 de agosto de 1991, um ciclone devastador atingiu Bangladesh, matando centenas de milhares de pessoas e causando mais de US$ 1,5 bilhão em danos econômicos. Mais de dez milhões de pessoas ficaram desabrigadas e, devido à perda das colheitas e de animais para abate, a fome se tornou um perigo crítico para os sobreviventes.

5. Ciclone em Mianmar (2008)

Número de mortos: 138.366

No fim do mês de abril de 2008, o ciclone tropical Nargis, com ventos de mais de 200 quilômetros por hora, causou devastação ao longo do delta do rio Irauádi, em Mianmar, uma das áreas mais densamente povoadas do mundo. Foi o pior desastre natural na história do país.

6. Seca na Etiópia (1975)

Número de mortos: 100 mil

Em 1975, a monarquia foi abolida e proclamou-se a república socialista na Etiópia. A guerra civil que se instaurou no país e aprofundou as crises agrícolas, perpetrando a fome.

7. Seca em Moçambique (1983)

Número de mortos: 100 mil

Em 1983, a combinação de uma grave seca com o fenômeno El Niño prolongou e intensificou a estiagem, levando à fome generalizada no sul de Moçambique. Para piorar, guerras internas impediram que a ajuda alimentar chegasse às populações afetadas.

8. Temperaturas extremas, Rússia (2010)

Número de mortos: 55.376

O verão de 2010 foi um verdadeiro inferno na Rússia. A onda de calor sem precedentes causou incêndios florestais e quebras recordes na produção de grãos. A formação de um sistema de alta pressão que persistiu por semanas não só elevou as temperaturas como comprometeu a qualidade do ar, um cenário explosivo para pessoas com problemas cardiorrespiratórios.

9. Enchentes, Venezuela (1999)
Número de mortos: 30 mil
Chuvas torrenciais atingiram a Venezuela ao longo das duas primeiras semanas de dezembro de 1999. Cheias súbitas e numerosos deslizamentos de terra deixaram dezenas de milhares de mortos e desaparecidos na costa do país, onde se concentra a maior parte da população. Aldeias inteiras foram varridas do mapa durante a tragédia, à qual os jornais se referiam como "Natal negro".

10. Enchentes em Bangladesh (1974)
Número de mortos: 28.700
Em 1974, as chuvas de monção castigaram Bangladesh. Os danos causados pelas enchentes na produção agrícola, inevitavelmente, colocaram grande pressão sobre o sistema alimentar e o período ficou conhecido como o "ano da fome".

*Eventos mais caros relacionados ao clima*

Conheça, agora, as dez catástrofes naturais que geraram maiores perdas econômicas, segundo o *Atlas de Mortalidade e Perdas Econômicas*, produzido pela OMM. São exemplos de que o mundo está pagando uma conta salgada ao manter o atual padrão de produção e consumo, sem adotar compromissos mais sérios para mitigação das mudanças climáticas.

1. Furacão Katrina, EUA (2005)
Prejuízo econômico: US$ 146,9 bilhões

O furacão Katrina atingiu a costa sul dos Estados Unidos com força arrasadora no dia 25 de agosto de 2005, matando mais de mil pessoas e obrigando a evacuação de meio milhão. Nova Orleans foi a cidade mais afetada. Alguns dos diques que a protegiam não conseguiram conter as águas do lago Pontchartrain, que afluiu município adentro, inundando pelo menos 80% do seu território. Bairros inteiros ficaram praticamente submersos.

2. Furacão Sandy, EUA (2012)

Prejuízo econômico: US$ 50 bilhões

Quando o furacão Sandy atingiu Nova York na noite de uma segunda-feira em outubro de 2012, ficou claro como estão suscetíveis as sociedades modernas e suas áreas metropolitanas às catástrofes naturais. O maior centro financeiro paralisou, e parte da estrutura urbana da cidade foi seriamente afetada, exigindo investimentos vultosos para reconstrução.

3. Furacão Andrew, EUA (1992)

Prejuízo econômico: US$ 43,3 bilhões

Um dos mais devastadores ciclones da história dos EUA, o Andrew atingiu, em agosto de 1992, a classificação máxima da escala de Saffir-Simpson, que mede a intensidade e gravidade deste fenômeno natural. Na categoria cinco, os furacões são capazes de destruir tudo no caminho, com ventos de mais de 249 quilômetros por hora e elevação do nível do mar em mais de 5,5 metros.

4. Enchentes, China (1998)

Prejuízo econômico: US$ 42,2 bilhões

No verão de 1998, a segunda maior economia do mundo sofreu três grandes inundações. De acordo com relatórios oficiais do governo chinês, 3.656 pessoas morreram e 14 milhões ficaram desabrigadas. Cerca de 25 milhões de hectares de terras agrícolas foram inundadas.

5. Enchentes, Tailândia (2011)

Prejuízo econômico: US$ 40,8 bilhões

As enchentes que atingiram a Tailândia em 2011 mataram mais de 800 pessoas e deixaram milhões de desabrigados. Mais de três quartos das províncias do país foram declaradas zonas de desastre. Na ocasião, o governo da Tailândia sofreu severas críticas por não estar preparado para a gravidade e duração das inundações, e muitas comunidades sentiram que o centro de operações criado para coordenar as respostas às emergências era inadequado.

6. Furacão Ike, EUA (2008)

Prejuízo econômico: US$ 31,9 bilhões

Ike foi mais um dos furacões que geraram prejuízos aos americanos. Ele formou-se gradualmente a partir de uma onda tropical que deixou a costa ocidental da África no final de agosto de 2008. Após cruzar o Caribe e atravessar o golfo do México, o ciclone atingiu a costa dos Estados Unidos, perto de Baytown, no Texas. O saldo foi de 82 mortos e outros 200 desaparecidos. Antes de chegar aos EUA, o furacão varreu Cuba e o Haiti, matando 500 pessoas.

7. Cheias, Coreia do Norte (1995)

Prejuízo econômico: US$ 22,5 bilhões

As cheias de 1995 e 1996 causaram um *deficit* de 2,5 milhões de toneladas de alimentos na Coreia do Norte, impelindo o país a pedir ajuda, pela primeira vez, à Cruz Vermelha. Além disso, as inundações destruíram muitas das extensas instalações subterrâneas, como minas de carvão, abrigos, bases de mísseis secretos e outras infraestruturas civis e militares.

8. Frio extremo, China (2008)

Prejuízo econômico: 22,4 bilhões

No início de 2008, uma tempestade de neve se abateu sobre a China, afetando com mais força as províncias ao sul. As fortes nevascas, o gelo e o frio extremo causaram grandes danos à infraestrutura. Houve apagões graves de energia elétrica em muitas cidades e interrupção nos transportes. Foi o pior inverno da China em meio século.

9. Furacão Ivan, EUA (2004)
Prejuízo econômico: US$ 21,8 bilhões
Com ventos de 225 quilômetros por hora e diâmetro de 600 quilômetros, o furacão Ivan, considerado um dos mais violentos da história, deixou destruição por onde passou. Antes de atingir os Estados Alabama, Flórida, Texas e Louisiana nos EUA, causou estragos na Jamaica e no Caribe, matando mais de 60 pessoas.

10. Seca, China (1994)
Prejuízo econômico: US$ 21,3 bilhões
Por fim, o décimo desastre natural relacionado aos extremos do clima mais caro em 40 anos foi a seca histórica que tomou conta da China em 1994. Na maior parte das regiões, a precipitação total durante este período foi inferior a cem milímetros, cerca de 40% a 50% menor do que o normal, e em outras áreas, choveu 90% menos. A seca foi um golpe fatal na produção agrícola da China.

## IPCC: O DIAGNÓSTICO DAS TRANSFORMAÇÕES DO CLIMA NA TERRA

As evidências se multiplicam e elas são cristalinas. É o que mostra o quinto relatório do Painel Intergovernamental sobre Mudanças Climáticas, o documento mais importante compilado por centenas de cientistas de todo o mundo e que faz um diagnóstico do estado do clima, seus interferentes e efeitos para o meio ambiente, as pessoas, as cidades, o mundo como o conhecemos hoje. Dividido em três partes, ele foi apresentado entre 2013 e 2014. O documento reúne o estado da arte das pesquisas científicas sobre clima e servirá para nortear políticas e tomadas de decisão, como a definição de um novo acordo global de redução de emissões pós-Kyoto, em 2015.

O documento mostra que o aquecimento do sistema climático nas últimas décadas é inequívoca. E as atividades humanas são as grandes responsáveis. Para os cientistas do Painel da ONU, nós temos mais culpa nesse cartório do que as variabilidades naturais do clima: há mais de 95% de chance de o homem ser o maior culpado pelas mudanças climáticas perigosas, diz o relatório.

A cada ano, as atividades humanas produzem mais gás carbônico ($CO_2$) do que os processos naturais podem absorver. Isso significa que o valor líquido de dióxido de carbono atmosférico nunca diminui. Assim, o acúmulo anual do gás segue subindo à medida que a população mundial queima mais e mais combustíveis fósseis.

O gás carbônico é considerado o principal vilão do aquecimento global, sendo o gás de efeito estufa mais emitido pelas atividades humanas. Ele possui um alto potencial de retenção de calor e permanece na atmosfera por muito tempo. Parte do $CO_2$ emitido na revolução indústrial inglesa, por exemplo, continua em suspensão, contribuindo para a retenção do calor na atmosfera. À medida que queimamos carvão, petróleo, gás e outros combustíveis fósseis para gerar eletricidade e alimentar a frota de carros e demais meios de transportes, aumentamos a concentração desse gás na atmosfera. Existem ainda outros gases que ajudam esquentar o planeta. São eles: metano ($CH_4$), óxido nitroso ($N_2O$), clorofluorcarbonetos (CFCs), hidrofluorcarbonetos (HFCs) e hexafluoreto de enxofre ($SF_6$).

Grosso modo, juntos com o $CO_2$, todos eles intensificam o efeito estufa, pelo aprisionamento da radiação infravermelha, o que interfere no "albedo", definido como o índice de reflexão dos raios solares. Quanto menor a reflexão, maior será o calor acumulado. Se a quantidade de energia absorvida muda, isso tem um efeito sobre o balanço de energia da Terra e, finalmente, afeta o nosso tempo e o clima, reforçando os fenômenos das mudanças climáticas.

A seguir, algumas evidências físicas das alterações climáticas em grandes números, segundo o quinto relatório do IPCC, que cita mais de 9.200 publicações científicas de todo o mundo.

– Até 4,8 °C: quanto a temperatura do Planeta poderá subir no século XXI, mantidos os atuais padrões de emissões de gases efeito estufa.

– 0,85 °C: aumento médio de temperatura em terra e mar entre 1880 e 2012.

– 19 centímetros: quanto os oceanos do mundo subiram entre 1901 e 2010.

– De 26 a 82 centímetros: quanto o nível do mar poderá subir até 2100.

– Mais de 90%: o aquecimento dos oceanos domina o aumento da energia armazenada no sistema climático entre 1971 e 2010.

– 30 bilhões: toneladas de gelo da Antártida que provavelmente derreteram a cada ano, em média, entre 1992 e 2001.

– 34 bilhões: toneladas de gelo que "muito provavelmente" derreteram por ano, em média, da camada de gelo da Groenlândia, entre 1992 e 2001.

– 1,339 trilhão: toneladas de dióxido de carbono adicionais lançadas na atmosfera a partir de combustíveis fósseis e produção de cimento entre 1750 e 2011.

– Dois bilhões: toneladas de $CO_2$ lançadas na atmosfera pela queima de combustíveis fósseis, produção de cimento, desmatamento e mudança de uso da terra entre 1750 e 2011. São dois trilhões de toneladas!

## ÁGUA, CICLO E CLIMA

A esta altura, você já deve ter notado que a maior parte dos desastres naturais relacionados ao clima, como enchentes, furacões e secas, tem ligação com a água. De fato, ela está no centro das transformações pelas quais o Planeta já passou e vem passando. A água é o principal meio através do qual a mudança climática influencia os ecossistemas da Terra e, portanto, o modo de vida e o bem-estar das sociedades.

Temperaturas mais altas e mudanças extremas nas condições meteorológicas podem afetar a disponibilidade e a distribuição das chuvas, da neve que derrete, o fluxo dos rios e das águas subterrâneas, e deteriorar a qualidade da água de modo geral. Os mais pobres e vulneráveis são suscetíveis aos efeitos mais negativos.

A partir de registros observacionais, projeções climáticas e evidências abundantes, o quinto *Relatório de Avaliação do IPCC* (2013) e outros estudos técnicos concluíram que os recursos de água doce são altamente vulneráveis aos impactados da mudança climática, com amplas e variáveis consequências sobre as sociedades humanas e ecossistemas.

Derretimento acelerado de geleiras, precipitação alterada (frequência e intensidade), mudanças nos padrões e taxas de escoamento e de recarga (das reservas subterrâneas), secas e inundações avassaladoras, alterações de qualidade da água, intrusão de água salgada nos aquíferos costeiros... A lista de desafios de mudanças climáticas relacionados com a água é grande e cada região do globo deverá enfrentar um conjunto único de ameaças decorrentes desses impactos. Segundo o

IPCC, as mudanças climáticas têm o potencial de aumentar a insegurança e os atuais níveis de estresse hídrico, afetando tanto os recursos de superfície quanto os subterrâneos, colocando em risco o suprimento para várias atividades humanas. Em verdade, o Painel de *experts* em clima da ONU concluiu com alta confiança que, globalmente, o impacto negativo das mudanças climáticas nos sistemas de água doce deverão superar eventuais benefícios.

A relação entre clima e água é intensa. Qualquer variação no clima afeta a ciclo hidrológico. Grosso modo, podemos descrevê-lo aqui como o movimento contínuo da água através dos oceanos, da atmosfera e da superfície da Terra. Entender o ciclo hidrológico nos dá maior compreensão das transformações climáticas em curso e do tamanho do desafio a ser superado.

Regido pela energia solar, o ciclo hidrológico começa com a evaporação de água a partir da superfície do mar, rios, lagos, solos e pelos processos de respiração e transpiração no mundo animal e vegetal, que liberam $H_2O$ na forma de vapor para a atmosfera. À medida que o ar úmido sobe e encontra temperaturas mais frias, ele resfria e se condensa, formando nuvens. A umidade é então transportada por todo o mundo e retorna à superfície da Terra em forma de precipitação, através de chuva, neve, granizo, etc.Uma parte da água infiltra-se no solo, onde pode ser aproveitada por plantas e outros seres e, ao penetrar a superfície, também pode acumular-se, formando lençóis freáticos de água subterrânea, que servirão de fonte para rios e riachos. Uma grande parte de água da chuva, contudo, precipita-se diretamente nos oceanos. O saldo de água que permanece na superfície da Terra é o escoamento, que deságua em lagos, rios e córregos e é levado de volta para os oceanos, onde o ciclo começa novamente.

Aumentos previstos na temperatura global estão associados a uma série de mudanças no ciclo hidrológico (muitas vezes referidas como uma intensificação e aceleração do processo), incluindo aí o aumento do vapor de água na atmosfera, as mudanças nos padrões de precipitação, bem como alterações nas águas subterrâneas e na umidade do solo. Um resultado da mudança hidrológica e do aumento da variabilidade são, por exemplo, curtos períodos de chuvas, porém mais intensas, e períodos mais quentes e de estiagem.

Claro que a disponibilidade futura de água também depende de fatores não climáticos. O crescimento populacional, desmatamento, poluição do ar e solo, e o nosso padrão de produção de consumo também desempenham papel importante. Seus impactos sobre os recursos hídricos podem até superar os das mudanças climáticas, conforme afirmam os cientistas do IPCC.

Na ausência de mudanças políticas que restrinjam as emissões de gases do efeito estufa pelas atividades econômicas, tais fatores não climáticos podem agravar ou atenuar os efeitos adversos das mudanças climáticas sobre a disponibilidade e qualidade da água.

O aumento da variabilidade hidrológica e das alterações climáticas é notável. O Painel Intergovernamental sobre Mudanças Climáticas concluiu que há cada vez mais evidências de que o clima da Terra está mudando e em um ritmo sem precedentes. Isso está contribuindo para o aumento da frequência e magnitude dos eventos extremos, incluindo as cheias e secas. A elevação do nível do mar já ameaça muitas cidades costeiras e pequenas ilhas. Um resumo das provas, com base nos resultados do IPCC é fornecido abaixo. O rápido degelo glacial foi documentado nos Andes, na América do Sul, no Himalaia, na Ásia, e até mesmo em Kilimanjaro, na África oriental.

Riscos potenciais das mudanças climáticas para a água, segundo o quinto relatório do IPCC:

1. Os riscos das mudanças climáticas relacionados com a água doce aumentam significativamente com as emissões crescentes de gases de

efeito estufa. Cada aumento de1 °C na temperatura deverá reduzir em pelo menos 20% a disponibilidade de água para um adicional de 7% da população mundial.

2. A mudança climática deverá reduzir significativamente recursos hídricos superficiais e subterrâneos renováveis na maioria das regiões subtropicais secas (alta concordância, evidências robustas). Isso vai exacerbar a concorrência pela água entre a agricultura, os ecossistemas, os assentamentos, indústria e produção de energia, afetando a oferta regional de água, energia e a segurança alimentar.

Em contraste, os recursos hídricos são projetados para aumentar em altas latitudes. Contudo, os efeitos sobre os recursos hídricos e a necessidade de irrigação por conta das mudanças na vegetação, devido ao aumento da concentração de gases de efeito estufa e às mudanças climáticas, permanecem incertas.

3. Até agora não há observações generalizadas de mudanças na magnitude e frequência de inundações devido a mudanças climáticas antropogênicas, mas projeções implicam variações na frequência de inundações. Porém, até o final do século XXI, estima-se que o número de pessoas expostas anualmente a uma "enchente do século" será três vezes maior para um cenário de emissões em alta, do que de baixas emissões. Riscos de inundação são projetados para aumentar em partes do sul, sudeste e nordeste da Ásia, África tropical e da América do Sul (concordância média, evidência limitada). Desde meados do século XX, as perdas socioeconômicas de inundações têm aumentado principalmente devido a uma maior exposição e vulnerabilidade (alta confiança). Risco de inundação global vai aumentar no futuro, em parte, devido às alterações climáticas (concordância média, evidência limitada).

4. As alterações climáticas poderão aumentar a frequência de secas meteorológicas (menos chuvas) e secas agrícolas (menos umidade do solo) em regiões atualmente secas até o final deste século. Isto, segundo os cientistas, poderá aumentar a frequência das secas hidrológicas curtas (menos águas superficiais e subterrâneas) nestas regiões.

5. A mudança climática afeta negativamente os ecossistemas de água doce, alterando a vazão e a qualidade da água (alta concordância, evidência média). Exceto em áreas com intensa irrigação, os impactos ecológicos das mudanças climáticas são esperados para ser mais fortes do que os impactos históricos causados pela ação humana nas mudanças dos regimes de fluxo com vista a captações de água e à construção de reservatórios.

6. A mudança climática é projetada para reduzir a qualidade da água bruta, pondo em risco a qualidade da água potável para consumo humano, mesmo com o tratamento convencional (alta concordância, evidência média). As fontes dos riscos são o aumento da temperatura, aumentos de sedimentos, nutrientes e cargas de poluentes devido às fortes chuvas, redução da diluição dos poluentes durante as secas, e rompimento de instalações de tratamento durante as cheias. A qualidade de lagos usados para abastecimento humano, por exemplo, poderia ser comprometida pela presença de algas tóxicas.

7. O aumento das chuvas fortes e da temperatura é projetado para mudar a erosão do solo e produção de sedimentos, embora a extensão dessas alterações seja altamente incerta e dependa da sazonalidade de chuvas, cobertura do solo e práticas de manejo do solo.

8. Como quase todos os glaciares são grandes demais para manter o equilíbrio no clima presente, é garantida uma mudança de recursos

hídricos durante a maior parte do século XXI. Em rios alimentados por glaciares, o total de água do derretimento do gelo acumulado do glaciar vai aumentar em várias regiões durante as próximas décadas, mas reduzirá em seguida. Mas o encolhimento contínuo das geleiras implica uma mudança no pico de descarga do verão para a primavera, exceto nas bacias hidrográficas das monções, e possivelmente uma redução dos fluxos de verão nas partes a jusante das bacias. Depois de várias décadas, a quantidade total de água de degelo que produzem vai começar a diminuir.

9. Ao longo das duas últimas décadas, as coberturas de gelo da Groenlândia e da Antártida têm perdido massa, enquanto o gelo do mar Ártico e o manto de gelo na primavera do hemisfério norte continuaram a encolher em extensão. Para se ter uma ideia, em 2013, o Ártico registrou seu sétimo ano mais quente desde que os registros começaram no início do século XX. Outro agravante: a extensão do gelo do mar na região foi a sexta mais baixa desde que as observações de satélite começaram, em 1979. Todas as sete menores extensões de gelo marinho registrados por lá ocorreram nos últimos sete anos.

## PERIGO À ESPREITA NO DEGELO

A extensão do gelo do mar do Ártico desempenha um papel crítico no sistema climático do planeta. Fisicamente, sua superfície branca reflete até 80% da luz solar recebida durante os longos dias de verão no hemisfério norte, exercendo uma influência de resfriamento sobre o clima. Esse poder de reflexão de uma superfície é conhecido como "albedo". Quanto menor o albedo, mais energia a partir do Sol é absorvida. É exatamente isso o que está acontecendo no Ártico. Estudo publicado na revista científica *Proceedings of the National Academies of Science* (PNAS) indica que o degelo tem reduzido o fator de refletividade da região polar, levando a uma maior absorção de energia. Através de informações fornecidas por satélites, os pesquisadores do Scripps Institution of Oceanography descobriram que a região está mais escura, atualmente, do que no final dos anos 1970. Naquela época, o Ártico refletia 52% dos raios que incidiam sobre sua superfície e absorvia os outros 48%.

De lá pra cá, a temperatura subiu na região, que perdeu 40% de sua extensão mínima de cobertura de gelo marinha durante o verão. O resultado? Em 2011, segundo a pesquisa, os números de refletividade haviam invertido – 48% da luz solar estava sendo refletida e 52% estavam sendo absorvidos.

A queda do albedo é, reconhecidamente, uma consequência das mudanças climáticas. Um efeito que retroalimenta o problema, à medida que acelera o ritmo das mudanças. Segundo os cálculos dos cientistas, a quantidade de energia extra que a Terra acumulou devido ao declínio da albedo do Ártico é equivalente a cerca de um quarto da quantidade de energia que ficou presa aqui, durante o mesmo período, por conta do aumento nos níveis de dióxido de carbono na atmosfera. Além da redução do efeito albedo, os ursos-polares, morsas, baleias e outros animais dependem do gelo marinho para sobreviver. Menos gelo também significa mais transporte pelo Ártico e exploração (principalmente de petróleo), com grandes implicações para a economia mundial e a segurança climática.

Com o desaparecimento de gelo e da neve, o que facilita o acesso à área, a importância do Ártico no campo da energia global e fornecimento de recursos minerais faz a região ser vislumbrada como um novo eldorado. Estima-se que 30% do gás natural e 15% do petróleo ainda não descobertos no mundo estejam lá.

Por vários ângulos, o degelo se mostra uma verdadeira "bomba-relógio econômica". Estudo divulgado em 2013 mediu, pela primeira vez, os custos do derretimento, um dos efeitos mais notáveis do aquecimento global. A conta é astronômica, algo próximo de US$ 60 trilhões, quase o PIB mundial, de US$ 70 trilhões. A pesquisa publicada no periódico científico *Nature* desvenda uma perspectiva sombria. Ela destaca o papel fundamental do Ártico na regulação dos oceanos e do clima, e de como seu derretimento poderá intensificar as mudanças climáticas, prejudicando ainda mais colheitas e infraestruturas ao redor do mundo. O estudo é assinado por acadêmicos da Universidade de Cambridge, no Reino Unido, e da Erasmus University Rotterdam, na Holanda. De acordo com os autores, 80% dos impactos ocorrerão nas economias mais pobres da África, Ásia e América do Sul.

Sob a camada de gelo do Ártico, existem reservas gigantes de metano ($CH_4$), um gás de efeito estufa 20 vezes mais potente que o dióxido de carbono ($CO_2$). O derretimento dos subsolos árticos congelados, o chamado *permafrost*, por sua vez contribuiria para o aquecimento adicional do planeta, destaca o estudo.

## Colapso irrefreável

Dois estudos recentes, um realizado por pesquisadores da Nasa em parceria com a Universidade da Califórnia em Irvine, e outro pela Universidade de Washington, indicam que o derretimento do manto de gelo da Antártida Ocidental atingiu um estado irreversível. O estudo da Nasa com a Universidade da Califórnia apresenta múltiplas linhas de evidência, incorporando 40 anos de observações que levam à conclusão de que os mantos de gelo do mar de Amundsen, na Antártica Ocidental, "passaram do ponto de não retorno", segundo o glaciologista e principal autor do estudo Eric Rignot. Essas geleiras já contribuem significativamente para a elevação do nível do mar, liberando quase tanto gelo no oceano anualmente quanto a cobertura de gelo da Groenlândia. É uma quantidade de gelo suficiente para elevar o nível do mar global em até 1,2 metro e que está derretendo mais rápido do que a maioria dos cientistas esperavam.

Rignot disse que estes exigiriam uma revisão para cima das previsões atuais de aumento do nível do mar. "Esta região vai ser um dos principais contribuintes para a elevação do nível do mar nas décadas e séculos vindouros", afirma em release oficial da Nasa. "Uma estimativa conservadora é que poderia levar vários séculos para todo o gelo fluir para o mar." A equipe usou observações de radar captadas entre 1992 e 2011 por satélites que mapeiam as linhas de retração do gelo.

Enquanto o estudo da Nasa analisa as mudanças sofridas na camada de gelo da parte ocidental da Antártica, a pesquisa da Universidade de Washington faz projeções de médio e longo prazo. A partir de mapas topográficos detalhados e modelagem por computador, os pesquisadores mostram que o colapso parece já ter começado e que o Glaciar Thwaites, o maior da região, provavelmente vai desaparecer em questão de séculos.

Essa geleira atua como um pivô do resto da camada gelada, que contém gelo suficiente para causar até quatro metros de elevação do nível do mar. "Havia um monte de especulações sobre a estabilidade das camadas de gelo marinho, e muitos cientistas suspeitavam que este tipo de comportamento estivesse em curso", disse o principal autor Ian Joughin, glaciologista do Laboratório de Física Aplicada da UW. "Este estudo fornece uma noção mais quantitativa das taxas em que o colapso pode ocorrer." A boa notícia, dizem os cientistas – se é que é possível usar a expressão –, é que, enquanto a palavra "colapso" implica uma mudança repentina, o cenário mais rápido para isso ocorrer é de 200 anos, e o mais longo é de mais de mil anos. A má notícia é que tal colapso se mostra inevitável. "Anteriormente, não sabíamos se o derretimento da geleira poderia desacelerar mais tarde, espontaneamente ou através de algum *feedback*", disse Joughin. "Em nossas simulações, não é possível ver nenhum mecanismo real de estabilização."

## Oceanos: heróis e vítimas

Como a água, que ajuda a regular a temperatura do corpo humano, os oceanos são os maiores aliados da Terra para manutenção do seu equilíbrio climático. Eles absorvem grande parte da radiação solar que atinge o planeta e também funcionam como sumidouros de dióxido de carbono ($CO_2$). Mas esses heróis do clima já se revelam vítimas do aquecimento global. Segundo o novo relatório do IPCC, painel de *experts* em clima da ONU, desde a era pré-indústrial, a temperatura média da terra e dos oceanos aumentou 0,85 °C. O aquecimento dos oceanos domina o aumento da energia armazenada no sistema climático, representando mais de 90% da energia acumulada entre 1971 e 2010. O saldo da conta é simples: os oceanos absorvem calor e desaceleram o aquecimento, segundo o Painel.

Mas este comportamento "heroico" pode desencadear uma verdadeira catástrofe nos oceanos à medida que estes se tornam mais ácidos, alertam os cientistas. A mudança no pH da água acontece à medida que o $CO_2$ emitido pela atividade humana – originada fundamentalmente pela queima de combustíveis fósseis – é absorvido pelos oceanos. Desde o início da era indústrial, a acidez das águas do planeta aumentou 26%, alcançando um nível sem igual nos últimos milênios. Pesquisadores ligados à Convenção sobre a Diversidade Biológica (CDB), da ONU, apresentaram, recentemente, uma síntese atualizada dos impactos da acidificação dos oceanos sobre a biodiversidade marinha (*An Updated Synthesis of the Impacts of Ocean Acidification on Marine Biodiversity, 2014)*. Segundo a pesquisa, "é quase inevitável que dentro de 50 a 100 anos as emissões antropogênicas de dióxido de carbono vão aumentar ainda mais a acidez dos oceanos a níveis que terão impactos generalizados e deletérios nos organismos e ecossistemas marinhos, e nos produtos e serviços que eles prestam".

Inúmeros estudos mostram que a acidificação interfere principalmente no desenvolvimento das espécies com carapaça ou esqueleto de carbonato cálcico, como corais e moluscos. Os cientistas alertam que as emissões de dióxido de carbono e o aumento sem precedentes da acidificação dos oceanos reservam consequências imprevisíveis a longo prazo para a vida marinha.

Estudo feito pelo Australian Institute of Marine Science sugere que "no cenário mais otimista, com redução global de emissões de $CO_2$ e ação local pela conservação dos recifes, até o fim do século, os corais podem sofrer redução de pelo menos 50% em todo o planeta". No cenário pessimista, 95% dos corais correm o risco de desaparecer. Cerca de 400 milhões de pessoas em todo o mundo dependem dos recifes de corais tropicais para a sua subsistência.

A Grande Barreira de Corais é exemplo dessa deterioração. Em meados de 2013, o governo australiano reconheceu que a famosa reserva natural está se degradando e que precisa de um tratamento intensivo para se restabelecer. Um relatório divulgado na ocasião indicou que a Grande Barreira de Corais vem sendo danificada por fenômenos climáticos extremos, como ciclones e inundações. Em 2011, segundo o estudo, a "saúde" do maior recife de corais do mundo passou de "moderada" para "pobre". Dezenas de ciclones já atingiram a região carregando consigo toneladas de sedimento e resíduos tóxicos de atividades industriais e agrícolas, como fertilizantes nitrogenados, da terra para o mar. A situação é alarmante. Em três décadas, a região perdeu metade de sua cobertura (50,7%). O Ministério do Meio Ambiente do Estado de Queensland, onde fica o recife, anunciou que iria investir um total de US$ 375 milhões entre 2013 e 2018, como parte de um novo Plano de Proteção da Qualidade da Água do Recife. Estendendo-se por mais de dois mil quilômetros ao longo da costa do Estado de Queensland, a Grande Barreira de Corais é composta por quase três mil pequenos recifes e mais de 900 ilhas no oceano Pacífico.

Atualmente, é lar de 400 espécies de corais, 1.500 espécies de peixes, quatro mil espécies de moluscos e animais em risco de extinção, como o peixe-boi e a tartaruga-verde. Declarado Patrimônio Mundial da Humanidade em 1981, o recife gera receita de cerca de US$ 5 bilhões para o turismo australiano.

## Aumento do nível do mar

A elevação do nível dos oceanos reserva um futuro sombrio para muitas cidades costeiras e nações insulares no mundo. Veneza, por exemplo, carrega a fama de cidade submersa há tempos, situação que só deve piorar com o aumento do nível do mar. De acordo com pesquisadores da *Scripps Institution of Oceanography* da Universidade da Califórnia, San Diego, a cidade afunda a uma taxa de dois milímetros por ano. Pode não parecer muito, mas considere que ao longo de cinco anos a cidade desaparece mais um centímetro, e o cenário certamente se torna preocupante para gerações futuras frente aos riscos das mudanças climáticas.

Na madrugada do dia 30 de outubro de 2012, a Costa Leste americana viveu horas de pânico. As cidades atingidas pela megatempestade Sandy tiveram que lidar com uma das facetas mais danosas do fenômeno: as enchentes. As águas do rio Hudson, que banha a cidade de Nova York, transbordaram, alagando ruas e comprometendo o abastecimento de energia para mais de 500 mil pessoas.

O transporte subterrâneo também sentiu o baque: sete linhas do metrô da cidade foram inundadas, naquele que a Autoridade Metropolitana de Transportes (MTA) classificou como o pior desastre enfrentado pelo transporte público em cem anos.

Pesquisa publicada no periódico científico *Proceedings*, da Academia Nacional de Ciências, calcula que os Estados Unidos possuem 1.700 lugares vulneráveis à maré alta, com 25% de sua população vivendo abaixo do nível do mar até 2100. Os cientistas dizem que o futuro dessas regiões, que incluem cidades como Boston, Nova York e Miami, está selado, porque ainda que o mundo reduza as emissões de gases efeito estufa, vai demorar um bom tempo até que a concentração atual desses gases na atmosfera diminua. Já que nem uma coisa nem outra acontecem, os riscos se acumulam.

Mas para algumas nações insulares, o aumento do nível do mar já é um perigo real e presente. Um desses pequenos países no meio do mar que podem estar com os dias contados é Kiribati, um arquipélago formado por 32 atóis no oceano Pacífico. Com o aumento do nível do mar circundante, o presidente de Kiribati, Anote Tong, prevê que seu país provavelmente se tornará inabitável dentro de 30 a 60 anos. Ele está atrás de um novo lar para os cem mil habitantes da região, que têm sofrido com a invasão de água salgada que prejudica a agricultura local. Neste ano, Kiribati fechou um acordo com Fiji para a compra de 2.400 hectares de floresta por cerca de US$ 8,3 milhões na ilha de Vanua Levu. A investida visa garantir a segurança alimentar para o povo de Kiribati, a partir de plantações nas áreas mais elevadas de Fiji.

Kiribati não está sozinha. Outras nações insulares também podem estar com os dias contados.

### Maldivas

Pelo menos 80% do arquipélago localizado no oceano Índico está apenas um metro acima do nível do mar. Uma elevação brusca das águas poderia varrer do mapa esse paraíso de praias de areia branquinha, palmeiras e atóis de corais. No último século, o nível do mar já subiu 20 centímetros em algumas partes do país. Temendo o pior, o governo local já estuda comprar um novo território para o seu povo.

### Tuvalu

Na arena internacional, o pequeno conjunto de nove ilhas localizado no oceano Pacífico, entre a Austrália e o Havaí, é um dos que mais trabalham para se fazer ouvir em meio aos interesses de grandes nações nas negociações climáticas. Com área de 26 quilômetros quadrados, o minúsculo Estado corre o risco de submergir diante do aumento do nível do mar. Nos últimos anos, as inundações constantes já vêm atrapalhando a produção de cultivos locais e a obtenção de água potável.

### Malta

Localizado no Mediterrâneo, a 80 quilômetros ao sul da Sicília, o arquipélago de Malta possui um área de 316 quilômetros quadrados e cerca de 450 mil habitantes. O nível geral das águas do Mediterrâneo pode subir até 60 centímentros, como resultado dos efeitos das alterações climáticas, comprometendo o abastecimento de água do país, em decorrência do aumento da concentração de sal no subterrâneo.

### Seicheles

Nação insular localizada no oceano Índico, as Seicheles são constituídas por vários arquipélagos localizados a noroeste de Madagascar. Com uma população de 87 mil habitantes, foi uma das primeiras nações a ligar o alarme global sobre o impacto das alterações climáticas e da consequente ameaça da elevação do mar para pequenos países insulares.

### Ilhas Salomão

Pequeno país insular localizado a leste da Papua-Nova Guiné, no oceano Pacífico, as pacatas Ilhas Salomão ganharam o noticiário mundial em fevereiro, após serem atingidas por um tsunami que matou cinco pessoas. Embora possa parecer pontual, a tragédia é a face mais radical de um drama vivido diariamente pela população local, formada por pouco mais de 500 mil habitantes. Como em todos os outros micropaíses insulares, o aumento do nível do mar é uma grande preocupação para a região. Comunidades inteiras estão se realocando para evitar catástrofes à medida que as marés sobem. As ilhas com altitudes mais baixas são as mais atingidas.

### Ilhas Marshall

Se, nos dias de maré alta, a população das Ilhas Marshall já sofre com os danos da invasão da água salgada, uma alta brusca de quase um metro até o fim do século é uma sentença de morte para a região. O mar já cobriu parte do território e está erodindo a costa, enquanto secas e cheias castigam ainda mais o arquipélago, formado por 29 atóis e ilhas de corais entre a Austrália e o Havaí. No começo do ano, uma onda quase destruiu a capital, Majuro, rompendo muros e inundando o aeroporto.

### Tonga

No Pacífico Sul, o Reino de Tonga compreende 176 ilhas espalhadas por uma área de 749 quilômetros quadrados, com uma população de 101 mil habitantes. O aumento do nível do mar causado pelo aquecimento global representa uma ameaça grave para Tonga. Comunidades inteiras podem ser forçadas a deixar suas casas em resposta à erosão costeira, a inundações e à contaminação de água doce.

## NENHUM PAÍS SERÁ POUPADO PELAS MUDANÇAS CLIMÁTICAS

No entanto, muitas partes do mundo em desenvolvimento são particularmente vulneráveis. Os mais pobres já são os que mais sofrem com os desastres naturais e os mais suscetíveis aos estragos do clima. Vulnerabilidade às mudanças climáticas foi definida pelo IPCC como o grau em que a geofísica, os sistemas biológicos e socioeconômicos de um país são suscetíveis ou incapazes de lidar com os efeitos adversos da mudança do clima.

No setor da água, por exemplo, uma série de fatores adicionais tornam muitos países vulneráveis aos impactos adversos das mudanças climáticas. A lista inclui instituições fracas e com capacidade limitada, altos níveis de pobreza, gestão ineficiente da água e serviços de infraestrutura, falta de acesso à tecnologia e capital para investir em redução de riscos, e também a dependência de setores sensíveis ao clima, como agricultura, pesca e atividades de base florestal (Banco Mundial, 2009). Na prática, se o clima não encontra fronteiras, seus impactos dependem em muito do preparo de cada país.

É possível mudar esse quadro. A tragédia das Filipinas deu a chance para os governos dos países em desenvolvimento mostrarem sua determinação de agir. Ao que parece, os mais pobres dentre eles têm um ímpeto maior, já que estão na linha de frente das catástrofes climáticas. Todos os 48 países menos desenvolvidos do mundo (PMD), dos quais 33 são africanos, apresentaram um conjunto de planos para lidar com os impactos das mudanças climáticas durante a 19ª Conferência da ONU sobre Mudanças Climáticas (COP19), em novembro de 2013, ocorrida na Polônia. Um bom planejamento é essencial para capacitar as regiões mais vulneráveis para lidar com as mudanças climáticas. Ao mesmo tempo, o suporte dado hoje a esses países é inadequado e deve, urgentemente, ser intensificado.

A preocupação foi transformada em apelo emocionante feito pelo embaixador das Filipinas Yeb Sano, na esteira da destruição provocada pela passagem do tufão Haiyan por seu país. O diplomata chorou e comoveu o mundo com seu discurso no evento, que reuniu mais de 190 nações e que deveria "preparar terreno" para a construção de um novo acordo global de redução de emissões a ser assinado em 2015, em Paris. Sano apelou aos governos para tomarem "medidas drásticas" nas negociações sobre o clima, a fim de evitar que supertufões tornem-se a norma para o clima global.

"A crise climática é uma loucura", disse ele aos delegados. "Nós podemos consertar isso. Nós podemos parar com essa loucura", disse, referindo-se à urgente necessidade de medidas mais sérias para redução de emissões por parte dos países ricos e de contribuições para um fundo global que ajude países mais vulneráveis e sem dinheiro a se adaptarem aos potenciais efeitos nocivos das mudanças climáticas. "Ao falharmos nisso, nós estamos admitindo nossa própria condenação", cravou.

Sozinho, o tufão Haiyan obrigou 4,1 milhões de pessoas a abandonar as suas casas nas Filipinas. Somados, todos os desastres naturais de 2013 levaram ao deslocamento de quase 22 milhões de pessoas do mundo, o equivalente a quase seis vezes a população do Uruguai, segundo relatório do Observatório sobre Situações de Deslocamentos e pelo Conselho Norueguês para os Refugiados, entidades que servem de referência na ONU para a avaliação do impacto dos fenômenos extremos em populações. Mais de 80% dos deslocados por catástrofes naturais em 2013 estavam na Ásia, segundo o estudo, que alertou para os riscos de que a quantidade de deslocados aumente por conta do aquecimento global e fenômenos extremos relacionados ao clima.

## Agricultura na mira do clima

À medida que aumenta a insegurança hídrica, cresce também o medo com relação à capacidade de produzir alimentos suficientes para alimentar o mundo. Segundo o quinto relatório do IPCC, a produtividade agrícola pode cair 2% por década até o final do século, ao passo que a demanda deverá aumentar 14% até 2050.

Além do risco óbvio de falta de água para abastecer a agricultura, a segurança alimentar global está ameaçada pelo surgimento e disseminação de pragas e doenças, um fenômeno estimulado pelo aquecimento global. Em estudo publicado no periódico científico *Nature Climate Change*, pesquisadores das universidades de Exeter e Oxford alertam que as pragas e patógenos estão se movendo a uma média de três quilômetros por ano. Em função do aumento das temperaturas, elas se distanciam da linha do Equador e seguem rumo aos polos Sul e Norte, estabelecendo-se em regiões muito frias e inadequadas até então para sua proliferação.

Tal fenômeno constitui mais uma ameaça à produção de alimentos. Atualmente, estima-se que entre 10% e 16% das culturas globais são perdidas devido a pragas e surtos de doenças na agricultura. Para investigar o problema, os pesquisadores analisaram os registros de 612 pragas e patógenos de todo o mundo que haviam sido coletados ao longo dos últimos 50 anos.

O estudo ressalta, entretanto, que o comércio global de culturas é um dos principais responsáveis pela circulação de pragas e patógenos entre os países. Mas sublinha que os organismos só são capazes de se fixar se as condições do ambiente forem adequadas. A elevação das temperaturas, segundo a pesquisa, está facilitando essa fixação em regiões de altas latitudes.

Ao lado dos fenômenos extremos, as pragas colocam em risco algumas das principais *commodities*. Pesquisa feita pelo Grupo Internacional de Consulta em Pesquisa Agrícola (CGIAR, na sigla em inglês) para as Nações Unidas sugere que os efeitos do aquecimento global podem comprometer, até 2050, cerca de 20% da produção de trigo, arroz e milho – as três *commodities* agrícolas mais importantes e que estão na base de metade das calorias consumidas por um ser humano. Veja a seguir como a elevação das temperaturas e as mudanças climáticas poderão afetar a produção das principais *commodities* agrícolas no mundo, segundo o CGIAR e reportagem publicada em Exame.com:

### Banana

A maior ameaça das mudanças climáticas para a produção de bananas é o aumento de surtos de pragas e doenças, principalmente nas terras altas da Uganda, Tanzânia, Burundi, Ruanda e Congo Oriental, países onde a fruta é sinônimo de segurança alimentar. Não só isso, a banana é altamente sensível à água disponível no solo. E essas regiões, que juntas abrigam comunidades pobres de mais de 30 milhões pessoas, são vulneráveis à falta de água, hoje um dos maiores desafios enfrentados pelos governos locais.

### Mandioca

A mandioca é a segunda cultura alimentar mais importante nos países pobres e a quarta mais importante nos países em desenvolvimento, com produção total de 218 milhões de toneladas. Além de contribuir para a segurança alimentar, é fonte de renda para pequenos proprietários. Em geral, a espécie é tolerante à seca e adaptável a algumas das mais altas temperaturas encontradas na agricultura. Por outro lado, a mandioca não se dá bem com excesso de água, é altamente vulnerável à podridão da raiz quando exposta a inundações por longos períodos.

### Feijão

As altas temperaturas aparecem como o problema mais grave, seguido pela seca, entre as ameaças da mudança climática para a produção de feijão. Há motivos para preocupação, uma vez que a leguminosa representa, em média, 20% da dieta dos países em desenvolvimento. Em alguns, a dependência é ainda maior, caso de Burundi (55%) e Ruanda (38%). No Brasil e na Tanzânia, o feijão responde por 14% das proteínas vegetais consumidas por uma pessoa.

### Grão-de-bico

Outra fonte tradicional de proteína vegetal, o grão-de-bico pode ser vulnerável às mudanças climáticas, em parte porque geralmente é cultivado em terras com quantidades mínimas de fertilizantes e irrigação, ficando exposto a ataques de pragas e estresses ambientais.

Uma pesquisa na Índia, feita ao longo de dez anos, mostrou que o aumento da temperatura acima de 35 °C torna a planta mais suscetível a desenvolver uma podridão na raiz causada por doenças. Hoje, as principais regiões produtoras são Índia, Turquia, Paquistão, Bangladesh, Nepal, Irã e México.

### Milho

Juntamente com arroz e trigo, o milho responde por 30% das calorias de alimentos consumidos por 4,5 bilhões de pessoas em 94 países em desenvolvimento.

Seu ponto fraco: detesta calor. Testes de campo e dados históricos mostram que as temperaturas superiores a 30 °C, associadas à seca, reduzem o rendimento das culturas. Só na África, 20% da produção está em risco com as alterações climáticas.

### Amendoim

O amendoim também está na mira do aquecimento global. Segundo o estudo, secas constantes podem tornar as sementes vulneráveis à contaminação por aflatoxina, uma toxina cancerígena produzida principalmente pelo fungo *Aspergillus flavus*. Além disso, as altas temperaturas e as chuvas irregulares dificultam a secagem do grão e seu armazenamento.

### Lentilha

Alimento altamente nutritivo, a lentilha consegue resistir bem ao ambiente hostil. Sua resiliência a torna um coringa no sentido de aumentar a segurança alimentar em países necessitados. Mas as lentilhas não são a prova de tudo, e sob certos estresses climáticos, podem ter o rendimento afetado. A intensidade e principalmente a frequência das mudanças no tempo e das tensões térmicas poderiam afetar severamente a produção.

### Trigo

As alterações climáticas terão impactos significativos na produção de trigo, cuja cultura é extremamente vulnerável ao calor e à seca. A irrigação pode ajudar o trigo a sobreviver a condições de estresse, mas exigiria uma quantidade insustentável desse recurso. Segundo o estudo, o "estresse hídrico" associado ao aumento de 1 °C na temperatura resultaria na perda de 20% da produção.

### Batata

Dona da quarta maior safra de alimentos do mundo, a batata também está na mira do aquecimento do planeta, e se tem um palavra que não combina com esse cultivo é aquecimento. O medo é que as temperaturas crescentes reduzam a produtividade da batata em locais onde pessoas já lutam para suprir suas necessidades nutricionais básicas, como a Índia.

### Soja

A soja é uma das culturas que mais sofrem sob altas temperaturas. De acordo com o estudo, áreas nos EUA e no Brasil que cultivam a proteína vegetal para exportação terão de enfrentar quedas acentuadas quando a temperatura ultrapassar os 30 °C com frequência. Em 2070, a área adequada para plantio de soja poderá cair 60% em relação à área de produção atual, devido à falta de água e a verões mais intensos.

### Arroz

A mudança climática pode levar a um declínio de 15% na produção de arroz. O motivo? Cientistas suspeitam que as plantas estejam gastando mais energia para respirar em noites quentes, o que afeta a capacidade de realizar fotossíntese. Não para aí.

As inundações são um problema significativo para o cultivo de arroz, especialmente nas planícies do sul e sudeste da Ásia. A ameaça crescente de salinidade é outro problema, que resulta do aumento do nível do mar em grandes áreas de zonas úmidas costeiras.

### Inhame

Cultivo importante e meio de subsistência no oeste africano, o inhame é vulnerável a pragas e doenças que poderiam intensificar-se devido aos efeitos do clima. Desde 2000, indica o relatório, a taxa de crescimento anual da produção de inhame tem sido irrisória (menos de 1%) em uma das principais regiões produtoras, a Nigéria.

### Fava

Fava é a principal fonte de proteínas vegetais na dieta dos países onde é cultivada, como Etiópia, Sudão, Marrocos, Egito e Síria. Cultura importante na rotação de cereais, pois ajuda a fixar nitrogênio no solo, a fava pode ter de lidar com novos tipos de pragas com o aumento das temperaturas. Para piorar, o cultivo tem fama de ser sensível à seca, que pode causar quebra drástica de safra.

### Sorgo

O estudo revela que um aumento de 1 °C na temperatura média da atmosfera poderia reduzir o rendimento do quinto cereal mais importante (depois de arroz, trigo, milho e cevada) entre 4% e 8% em estações chuvosas na Índia. Os grãos do sorgo são úteis na produção de farinha para panificação, amido indústrial, álcool e como forragem ou cobertura de solo em regiões tropicais e subtropicais do mundo.

### Alta dos preços

Ao atingir em cheio o setor agrícola, as mudanças climáticas reservam efeitos perigosos sobre os preços dos alimentos. Relatório da

ONG britânica Oxfam estima que fenômenos meteorológicos extremos como secas e enchentes podem duplicar os preços de alimentos básicos no mercado internacional, como arroz, milho e trigo, nos próximos 20 anos, afetando principalmente países pobres. Para os mais vulneráveis, os aumentos extremos e repentinos nos preços podem ser mais devastadores do que a elevação gradual a longo prazo, o que lhes daria mais tempo e opções para se adaptar.

A pesquisa da Oxfam, intitulada *Clima extremo, preços extremos: o custo de alimentar um mundo em aquecimento*, a organização não governamental sustenta que os efeitos de aquecimento global sobre a produção agrícola são "subestimados" pelos governos mundiais, que ignoram as consequências nefastas de fenômenos rigorosos, como estiagens e enchentes, sobre o preço das *commodities* que estão na base da indústria alimentícia.

*"E se..."*

A pesquisa da Oxfam desenvolve várias hipóteses sobre o impacto de eventos climáticos extremos em 2030 em cada uma das principais regiões exportadoras de arroz, milho e trigo no mundo. Confira a seguir algumas hipóteses levantadas:

1. Crise na América do Norte

Uma seca na América do Norte, semelhante em magnitude à seca histórica de 1988, a pior já registrada no país até agora, poderia aumentar os preços de exportação de milho no mercado mundial em 140% e do trigo em 33% até 2030. "Estima-se que em 20 anos, 57% das exportações de trigo mundial e 44% do milho virão da América do Norte. Uma crise desta magnitude no 'celeiro do mundo' poderia prejudicar países em desenvolvimento", diz o estudo.

Segundo as projeções, os preços do milho e do trigo no mercado interno da China poderiam aumentar, respectivamente, 76% e 55%.

Já na América Central e do Sul, os mesmo alimentos poderiam subir 80% e 55%.

### 2. Crise na África

De acordo com a Oxfam, em 2030, mais de 95% do milho e de outros grãos consumidos na África subsaariana deverão ter como origem a própria região. "É provável que as crises locais causadas por eventos climáticos extremos tenham efeitos devastadores sobre a produção, os preços e, em última instância, os níveis de consumo", diz o estudo.

A ocorrência de uma grave seca na região, com uma magnitude semelhante à que ocorreu em 1992 (que levou a pior safra de milho), aumentaria o preço médio de consumo do milho e de outros cereais secundários em 50%.

### 3. Crise na Índia e no Sudeste Asiático

A ocorrência simultânea de colheitas ruins na Índia e no Sudeste Asiático poderia ter um impacto grande no processamento de arroz, aumentando o seu preço médio de exportação no mercado mundial em 25% no ano de 2030. Para estimar essa queda na produção, a Oxfam considerou como base a seca extrema que atingiu toda a Índia em 1979 e as inundações que castigaram em massa o Sudeste Asiático em 1980. De acordo com o modelo, uma crise simultânea na Índia e no Sudeste Asiático daqui a 20 anos poderia significar um aumento de 43% no preço do arroz no mercado nacional da Nigéria, atualmente o país mais populoso da África.

### *Fortificando o sistema*

Essa pesquisa representa uma tentativa de analisar como eventos climáticos extremos podem afetar os preços dos alimentos, se medidas urgentes não forem tomadas para reduzir as emissões. No entanto, nenhum dos cenários apresentados é inevitável. Está em nossas mãos a possibilidade de mudar e fortalecer o nosso sistema alimentar, especialmente para consumidores e produtores mais pobres (Oxfam).

Reverter décadas de falta de investimento na agricultura sustentável e resiliente nos países em desenvolvimento pode aumentar a produtividade regional e ajudar a garantir alimentos ao aumento da população. Outra frente de ação é preparar as comunidades mais carentes a lidar com desastres extremos, a fim de reduzir a vulnerabilidade das pessoas e desenvolver a resistência a esses eventos. E, caso o pior aconteça, esforços mundiais e regionais coordenados poderiam ajudar os mais vulneráveis a lidar com crises recorrentes (Oxfam).

*Florestas: guardiães do clima*

Assim como os oceanos, as florestas também são de fundamental importância para o clima do planeta. Quanto mais antigas, maior a quantidade de gás carbônico que são capazes de armazenar, e assim maior é seu poder de combate às mudanças climáticas. No processo de crescimento, as árvores, como as demais plantas, absorvem dióxido de carbono e liberam oxigênio durante a fotossíntese. No processo inverso, conhecido como respiração, elas liberam dióxido de carbono, geralmente em quantidades menores do que a absorvida durante a fotossíntese. O saldo de carbono restante é armazenado na planta, em sua biomassa (troncos, folhas e raízes).

A degradação e o desmatamento liberam o carbono armazenado para a atmosfera na forma de dióxido de carbono.

Desmatamento e outras alterações de uso da terra produzem cerca de 11% das emissões de gases de efeito estufa no mundo.

Para reduzir as emissões de gases do efeito estufa para os níveis necessários para proteger o planeta contra os impactos mais caros do aquecimento global, é preciso manter as florestas de pé.

Mas quando morrem e apodrecem, as árvores também liberam o gás de efeito estufa. Durante muito tempo, os cientistas buscaram entender a real contribuição das florestas na redução da concentração de $CO_2$ na atmosfera.

E aí cabe a pergunta: afinal, o saldo de absorção e emissão do gás ao longo do ciclo de vida da floresta (do crescimento à morte) não seria neutro? A julgar pela maior floresta tropical do mundo, a cobertura verde é estratégica para frear o aquecimento do planeta. Se o fenômeno ainda não mostrou sua pior faceta, pode agradecer à Amazônia. Um estudo feito pela Nasa e divulgado em março deste ano constata que a Amazônia absorve mais dióxido de carbono da atmosfera do que emite, o que contribui para frear as alterações no clima. Esta descoberta resolve o debate de longa data sobre um componente-chave do equilíbrio global de carbono da bacia amazônica, que envolve a vida e a morte das árvores da floresta, os respectivos estoques e a liberação de carbono.

A pesquisa publicada na revista *Nature Communications* foi a primeira a medir as mortes de árvores causadas por processos naturais em toda a floresta amazônica, mesmo em áreas remotas. Fernando Espírito Santo, do Laboratório de Propulsão a Jato da Nasa, em Pasadena, Califórnia, e principal autor do estudo, criou novas técnicas para analisar por satélite e outros dados referentes ao ciclo amazônico. Ele descobriu que a cada ano as árvores amazônicas mortas emitem cerca de 1,9 bilhão de toneladas de carbono para a atmosfera. Para comparar esses dados com a absorção de carbono da Amazônia, os pesquisadores usaram censos de crescimento da floresta e diferentes cenários de modelagem. Em todos os cenários, a absorção de carbono pelas árvores vivas compensa as emissões das árvores mortas, indicando que o efeito predominante em florestas naturais da Amazônia é a absorção.

Vale destacar que os pesquisadores analisaram apenas os processos naturais no ciclo de vida das árvores. Ficou de fora, por exemplo, os resultados das atividades humanas, como o desmatamento e as queimadas, que variam rapidamente com a mudança das condições políticas e sociais da região.

Felizmente, o desmatamento vem, aos poucos, deixando de ser o vilão das emissões brasileiras. Levantamento do Observatório do Clima (OC), a partir dos dados produzidos pelo Sistema de Estimativa de Emissões de Gases de Efeito Estufa (SEEG), em 2013, aponta que o setor de mudanças de uso da terra, que inclui o desmatamento, responde hoje por cerca de 32% das emissões totais de gases do efeito estufa do país. Comparado aos demais setores (energia, indústria, agropecuária e resíduos), foi o único que reduziu suas emissões nas últimas duas décadas. Em 2005, o setor respondia por 65% do total. Essa queda significante mostra que os esforços empreendidos nos últimos anos pelo governo brasileiro e por entidades da sociedade civil são fundamentais para proteger a floresta. Mas não se pode esmorecer, como vem acontecendo. Segundo o levantamento mais recente, até a data dos registros do Instituto Nacional de Pesquisas Espaciais (Inpe), a taxa de desmatamento na Amazônia Legal no período de agosto de 2012 a julho de 2013 cresceu nada menos do que 29% em relação ao período anterior, de agosto de 2011 a julho de 2012. Apesar da taxa ter sido a segunda menor desde que o Inpe começou a medi-la, em 1988, foi a primeira vez em cinco anos que o índice de desmatamento cresceu na região que cobre nove Estados. Ao todo, 5.891 quilômetros quadrados de floresta foram destruídos.

Em um mundo em aquecimento, novas ameaças surgem. Quando as condições locais mudam, as florestas tropicais podem se tornar uma fonte emissora de gás efeito estufa. Secas mais frequentes e severas ameaçam tornar Amazônia uma megafonte de emissão de $CO_2$, aponta um estudo publicado na revista científica *Nature* em fevereiro, que ganhou chamada no editorial sob o título *Trick of the light*, ou *Truque da Luz*.

Na pesquisa, os cientistas compararam o balanço de carbono na Amazônia entre 2010, um ano excepcionalmente seco na região, e 2011, que foi particularmente úmido e chuvoso. Durante a estação seca de 2010, a floresta perdeu 480 milhões de toneladas de carbono, ao passo que no ano seguinte absorveu tanto carbono quanto liberou.

Nas estações secas, os incêndios na floresta representaram um fator significativo na liberação de carbono. Mas quando o efeito dos incêndios foi removido dos resultados, o estudo descobriu que a floresta foi neutra em carbono mesmo durante a seca. Porém, absorveu 250 milhões de toneladas de carbono ao longo do ano úmido. Mas são apenas os incêndios que diminuem o papel de sumidouro da floresta. O estudo sugere que a diferença entre os anos secos e úmidos também possa ser explicada por mudanças na taxa de fotossíntese.

Durante as secas, as plantas ficam estressadas e a taxa de fotossíntese diminui, absorvendo menos $CO_2$ da atmosfera. A pesquisa, baseada em dois anos de medições, não traz respostas conclusivas sobre o balanço de carbono na floresta. É necessário mais tempo e uma maior área de observação para traçar uma tendência do bioma.

Mas os resultados já deixaram claro que a umidade tem um papel importante na determinação do equilíbrio de carbono amazônico. Com isso, o estudo levanta novas dúvidas importantes de serem estudadas rumo a um futuro assombrado pela altas nos termômetros. Os cientistas temem que, se a tendência recente de queda extrema na precipitação persistir, a maior floresta tropical do mundo deixe de ser um sumidouro líquido de carbono para tornar-se uma fonte, o que poderia agravar o efeito estufa e o aquecimento global.

*Protetores das matas*

Existem pelo menos 513 milhões de hectares de florestas comunitárias, reconhecidas legalmente em todo o mundo. Esses terrenos, mantidos coletivamente por populações rurais ou indígenas, revelam-se aliados na luta pela preservação ambiental e no combate às mudanças climáticas. Isso porque essas áreas armazenam cerca de 37 bilhões de toneladas de carbono – 29 vezes a pegada de carbono anual de todos os veículos de passageiros do mundo, segundo relatório do World Resources Institute (WRI), em parceria com o Rights and Resources Initiative (RRI). Fortalecer os direitos das comunidades florestais e expandir suas áreas é, segundo o estudo, uma oportunidade para os governos cumprirem suas metas climáticas ao mesmo tempo que protegem o meio ambiente.

A falta de direitos legalmente reconhecidos deixa as comunidades vulneráveis à perda de suas terras para criadores de gado, madeireiros ilegais, ou empresas – e deixa as florestas vulneráveis ao corte ilegal. De acordo o relatório, o desmatamento de florestas no Brasil provavelmente teria sido 22 vezes mais elevado sem o reconhecimento legal das comunidades indígenas. Por aqui, o desmatamento em terras indígenas chega a ser 11 vezes menor do que em outras áreas, enquanto na Guatemala, o desmatamento em terras indígenas e comunidades tradicionais é até 20 vezes menor.

Ao lado de México e Bolívia, Brasil e Guatemala são reconhecidos na pesquisa como países que garantem direitos florestais fortes, com áreas significativas de florestas comunitárias legalmente reconhecidas. No entanto, em outros países latino-americanos, como Colômbia, Equador, Honduras, Nicarágua e Peru, os direitos são mais fracos. Segundo o estudo, essas comunidades locais prestam um serviço ambiental valioso, que deveria ser reconhecido e até mesmo recompensado financeiramente por ajudar a manter a floresta de pé e evitar emissões.

## VIRANDO O JOGO: SÓ UMA GRANDE MUDANÇA PODE SALVAR O PLANETA

O alerta vem da terceira parte do quinto relatório do IPCC, o painel de *experts* em clima da ONU. Focado em soluções para as mudanças climáticas, o documento afirma que a saída para a crise passa por uma mudança institucional e tecnológica, sem a qual será impossível limitar em 2 °C a alta da temperatura no planeta. Redução de investimentos em combustíveis fósseis, aumento da participação das fontes de energia renovável e adoção maciça de projetos de reflorestamento estão entre as ações de mitigação sugeridas pelos cientistas. Sem essas mudanças, a temperatura global poderá subir até 4,8 graus centígrados até 2100, em relação aos níveis pré-industriais. O atraso em agir para reduzir as emissões tornará muito mais difícil e caro o combate às mudanças no clima.

Se a humanidade é capaz de interferir nos ecossistemas e alterar os padrões climáticos, também somos capazes de fazer o caminho oposto, seja reduzindo nosso impacto ou no, mínimo, nos preparando para enfrentar as mudanças que estão a caminho. É aí que entram em cena dois conceitos importantes na luta contra o aquecimento global e as mudanças climáticas: mitigação e adaptação.

Como o nome sugere, o primeiro conceito, de mitigação, consiste em minimizar a pegada humana através de esforços para controlar, reduzir e até mesmo eliminar as emissões de gases de efeito estufa. É uma ideia que costuma ser associada ao crescimento econômico limitado. Afinal, os principais alvos, em geral, são as indústrias que se sustentam das fontes de energia fósseis, como os grandes mercados de petróleo e carvão que, no fim da contas, estão na base dos modos de produção e consumo do mundo como conhecemos hoje.

É claro que para atingir prosperidade e acabar com a pobreza, é preciso crescimento, trabalho, competitividade e oportunidades. Mas em tempos de aquecimento global, o crescimento tem que ser baseado em baixa emissão de carbono e em sociedades mais resilientes. O desafio é tornar o discurso atraente para governos e empresas que ainda julgam políticas climáticas um empecilho ao crescimento. Não precisa ser assim. Há uma série de ações que podem assegurar o crescimento, aumentar o emprego e a competitividade, salvar vidas e abrandar o ritmo das mudanças climáticas.

Um estudo divulgado pelo Banco Mundial e pela Climate Works Foundation mostra que o investimento em eficiência energética, gestão de resíduos e melhoria do transporte público pode aumentar a produção econômica global entre US$1,8 trilhão e US$ 2,6 trilhões por ano. E também salvar vidas, reduzir a perda de cultivos e enfrentar a mudança climática.

O relatório (*Climate-smart development: adding up the benefits of actions that help build prosperity, end poverty and combat climate change, 2014*) destaca os ganhos potenciais econômicos, para a saúde e outros ganhos decorrentes da ampliação de políticas climáticas inteligentes, bem como projetos já em andamento em países em desenvolvimento como Brasil, Índia e México.

Se o Brasil enviar todos os resíduos sólidos a aterros sanitários e produzir eletricidade a partir do gás metano, poderá criar 44 mil novos empregos e aumentar o PIB nacional em mais de US$ 13,3 bilhões.

Se a Índia construir mil quilômetros de novas linhas de trânsito rápido de ônibus, poderá salvar 27 mil vidas em virtude da redução de acidentes e poluição do ar, e criar 128 mil empregos.

Se o México equipar 90% de suas criações de suínos e laticínios com sistemas de biogás e energia solar, poderá reduzir o uso de energia no setor em 11%, criar 1.400 empregos e aumentar o PIB nacional em US$ 1,1 bilhão.

Se a China distribuir 70 milhões de fogões limpos e adequados, poderá evitar cerca de mais de um milhão de mortes prematuras, colher quase US$ 11 bilhões em benefícios econômicos e criar 22 mil empregos.

Ao mesmo tempo, as políticas podem evitar aproximadamente 94 mil mortes prematuras decorrentes de doenças relacionadas com a poluição em 2030, bem como prevenir emissões de gases de efeito estufa equivalente ao efeito de tirar das ruas dois bilhões de carros. De quebra, se plenamente implementado, o conjunto de ações de políticas normativas, tributárias e projetos de mitigação climática poderia ajudar a limitar o aquecimento global a 2 °C e evitar alterações climáticas mais perigosas.

Mas investir em soluções para reduzir emissões não sairá caro? Esta é outra questão comumente assumida como verdade universal e que acaba atrasando ações mais robustas. E a resposta é: não necessariamente. Conforme estudo da Comissão Global sobre a Economia e Clima, divulgado pelo jornal *New York Times* em setembro de 2014, para limitar as emissões nos póximos 15 anos seriam necessários, pelo menos, US$ 4 trilhões, quantia 5% superior ao valor que seria gasto de qualquer maneira em novas usinas de energia, sistemas de transporte e outras infraestruturas para sustentar o crescimento das cidades e suas demandas. Ao todo, segundo a reportagem, US$ 90 trilhões deverão ser gastos nos próximos 15 anos em nova infraestrutura em todo o mundo. O grande desafio para os governos é adotar regras adequadas e enviar sinais de mercado mais fortes que redirecionem parte desse investimento para tecnologias e soluções de baixo carbono.

Frente ao avanço contínuo das emissões globais, uma gama crescente de especialistas vem defendendo soluções mais radicais, algumas até inusitadas, para frear as mudanças perigosas em curso no sistema climático. Uma das surpresas do quinto relatório do IPCC, o painel de *experts* em clima da ONU, foi a menção à chamada geoengenharia, que engloba os esforços em usar a tecnologia para manipular o meio ambiente e o sistema climático a fim de combater o aquecimento global. No "Sumário para tomadores de decisão" da terceira parte do relatório, os especialistas citam a técnica de Gerenciamento da Radiação Solar (SRM, na sigla em inglês), que envolve refletir raios solares de volta para o espaço antes que atinjam a Terra, e outra chamada de Remoção de Dióxido de Carbono (CDR, na sigla em inglês), que retira $CO_2$ do ar.

Em geral, as propostas esbarram em questões éticas e políticas ligadas às incertezas sobre os efeitos colaterais de intervenção no delicado ecossistema terrestre. "Evidência limitada impede uma abrangente avaliação quantitativa da gestão da radiação solar de ambas as técnicas e seus impactos sobre o sistema climático", diz um trecho, completando em seguida: "métodos de CDR e SRM podem provocar efeitos colaterais e de longo prazo com consequências em escala global".

Outra crítica é de que tais soluções funcionariam como um passe livre para poluidores continuarem com suas altas emissões de gases de efeito estufa a partir da queima de combustíveis fósseis. Apesar de não receberem grande acolhida, os projetos radicais de geongenharia se multiplicam – mas, claro, apenas em escala laboratorial e quando isso é possível. Abaixo, um resumo de algumas das técnicas mais curiosas e controversas em estudo no mundo:

*Reproduzir o efeito de erupções vulcânicas*

Entre as medidas estudadas está, por exemplo, o bombeamento de toneladas de aerossóis de enxofre na estratosfera que, por reação química natural, ajudaria a refletir a radiação que incide no planeta de volta para o espaço, reduzindo assim a temperatura média da Terra. O custo para o uso dessa técnica de SRM foi até estimado – cerca de US$ 5 bilhões por ano, segundo cálculos de pesquisadores, divulgados na publicação científica *Environmental Research Letters*.

*Fertilização dos oceanos*

Cobrindo mais de 70% do planeta, os oceanos são um dos principais sumidouros de $CO_2$ de que a humanidade dispõe. Mas diante do aquecimento global, o fitoplâncton que converte dióxido de carbono em matéria viva está se esgotando.

O plano B aí seria derramar nos mares uma grande quantidade de ferro, que age como fertilizante para muitas plantas e alguns microrganismos – incluindo os fitoplânctons que, no processo de crescimento, devorariam o $CO_2$. Em 2009, o governo alemão começou a testar essa técnica para avaliar o potencial de absorção de dióxido de carbono como medida de combate ao aquecimento global. O projeto, entretanto, foi interrompido pelos protestos constantes por parte de ambientalistas contrários à intervenção no oceano.

*Colocar em órbita um megaparassol*

O professor Roger Angel, do Arizona, que ajudou a criar o maior telescópio do mundo, acredita que o poder do sol poderia ser reduzido pela colocação de um parassol gigante no espaço. O "guarda-sol" de 100 mil quilômetros quadrados seria composto de trilhões de lentes que reduzem em 2% a intensidade da luz solar. Essa estrutura colossal seria posicionada a 1,5 milhão de quilômetros do nosso planeta, para orbitar em um local conhecido como L1, um ponto de equilíbrio gravitacional entre o Sol e a Terra. Mas lançar no espaço 20 milhões de toneladas (peso estimado das placas) exigiria esforços extras e muito investimento para desenvolver, por exemplo, um lançador eletromagnético, que seria posicionado no alto de uma montanha onde a resistência do ar é menor.

*Adaptação*

Nossas sociedades têm um longa história de gestão dos impactos de eventos relacionados com o clima. Mas dado que os efeitos históricos das emissões de gases de efeito estufa não podem ser revertidos, aumenta a atenção dada pelos organismos internacionais, cientistas e governos à chamada adaptação à mudança climática. O que significa reduzir a vulnerabilidade dos sistemas naturais e do próprio ser humano e seus meios de subsistência ao impacto das mudanças climáticas induzidas. Exemplos incluem o aumento da resiliência do setor agrícola às secas e redução dos riscos de inundações através de melhor armazenamento, e o gerenciamento de infraestrutura de proteção de mananciais, rios e florestas, a fim de assegurar suas funções ecossistêmicas. Em essência, resiliência significa se adaptar com facilidade às intempéries.

Considerando a alta de temperatura até 2100, em relação aos níveis pré-industriais, o Painel calculou o risco de exposição nos cinco continentes e regiões específicas do planeta, em função das atuais políticas de adaptação à mudança climática. No relatório, os cientistas do clima não ficam apenas no alarmismo e apontam como é possível evitar o pior a partir de soluções do presente.

### África

Desafio 1: risco de estresse hídrico, em caso de alta na temperatura de 2 °C a 4 °C.

Como evitar: uso mais inteligente dos recursos hídricos.

Desafio 2: risco de escassez de alimentos.

Como evitar: desenvolvimento de culturas tolerantes a estresses; ajuda governamental para os pequenos agricultores.

Desafio 3: risco de aumento de doenças transmitidas por mosquitos e pela água maltratada.

Como evitar: implementação de sistemas de alerta antecipado sobre ocorrência de surtos e melhoria no saneamento básico.

### Europa

Desafio 1: aumento das inundações causadas por cheias de rios e nas áreas costeiras.

Como evitar: melhorar a proteção contra as inundações, com preservação de vegetação e áreas naturais que funcionam como barreira, e também lançar mão de intervenções de engenharia.

Desafio 2: estresse hídrico e aumento da seca (risco alto em caso de elevação de 2 °C na temperatura, e muito elevado, em caso de mais 4 °C).

Como evitar: reduzir o desperdício de água, inclusive por meio de irrigação agrícola, com sistemas mais eficientes no consumo desse recurso.

Desafio 3: ondas de calor mais intensas e poluição do ar extremamente prejudicial à saúde (risco alto em caso de 2 °C a mais, e muito alto para 4 °C).

Como evitar: reduzir as emissões de poluentes e gases de efeito estufa para melhorar a qualidade do ar e adaptar casas e locais de trabalho para lidar com ondas de calor, através de sistemas inteligentes.

Ásia

Desafio 1: danos causados por inundações em casas e na infraestrutura urbana das cidades afetadas.

Como evitar: construções mais resistentes e planejamento da localização de novos projetos construtivos.

Desafio 2: aumento de mortes provocadas pelo calor extremo.

Como evitar: fortalecer os sistemas de saúde e melhorar o planejamento das cidades para reduzir a formação de ilhas de calor.

Desafio 3: desnutrição causada pela seca; risco médio em caso de aumento de 2 °C e alto para 4 °C.

Como evitar: reforçar a vigilância sobre o abastecimento de alimentos e melhorar os sistemas de prevenção de catástrofes.

Australásia (região que abrange a Austrália, a Nova Zelândia, a Papua-Nova Guiné e algumas ilhas menores da parte oriental da Indonésia).

Desafio 1: danos aos recifes de coral e perdas de espécies animais e de plantas.

Como evitar: reduzir as pressões sobre os ecossistemas, principalmente a poluição, melhorar a gestão do turismo na região e o controle sobre espécies invasoras.

Desafio 2: aumento de inundações em função da elevação do nível do mar, com prejuízos para a infraestrutura costeira; risco médio em caso de mais 2 °C, e muito alto em caso de 4 °C.

Como evitar: uso de terra e solo mais resistentes para reduzir a exposição a inundações e à erosão costeira.

América do Norte

Desafio 1: aumento de incêndios florestais, com prejuízos para os ecossistemas e cidades afetadas.

Como evitar: melhorar as medidas de prevenção de incêndios.

Desafio 2: incremento de mortes por ondas de calor.

Como evitar: incentivar o uso de refrigeração residencial e construção de centros de refrigeração para os mais vulneráveis.

Desafio 3: tempestades mais fortes e destrutivas, com danos para a infraestrutura urbana e propriedades particulares.

Como evitar: instalar sistemas de drenagem que permitam o escoamento da água para recarregar recursos hídricos subterrâneos, minimizando, assim, o risco de inundação.

América do Sul e Central

Desafio 1: estresse hídrico em áreas semiáridas que dependem das geleiras para seu abastecimento de água.

Como evitar: melhorar o abastecimento de água e o uso da terra.

Desafio 2: inundações em áreas urbanas por chuvas extremas.

Como evitar: melhorar a gestão de inundações urbanas, com melhorias nos sistemas de alerta de emergência e nos radares meteorológicos.

Desafio 3: redução da produção agrícola e perda de qualidade.

Como evitar: desenvolver variedades de culturas alimentícias resistentes à seca.

### Regiões polares

Desafio 1: ameaça aos ecossistemas decorrente das mudanças de *permafrost*, perda de neve e gelo.

Como evitar: melhorar o monitoramento desses riscos.

Desafio 2: insegurança alimentar e a falta de água potável confiável e segura.

Como evitar: melhorar os sistemas de monitoramento e mudança para regiões menos vulneráveis.

Desafio 3: os impactos nas comunidades do Ártico.

Como evitar: melhorar a comunicação, educação e formação, além de incentivar a cogestão do ecossistema entre as comunidades.

### Pequenas ilhas

Desafio 1: perda de moradias, áreas de cultivo, infraestrutura e dos meios de subsistência em função da elevação do nível do mar e tempestades.

Como evitar: instalar proteções costeiras e melhorar a gestão dos recursos hídricos e do solo.

Desafio 2: perda de terras baixas nas zonas costeiras pela exposição ao aumento do nível do mar e de tempestades.

Como evitar: não construir novos edifícios em áreas de risco.

Exemplo recente de adaptação vem da cidade de Nova York. Depois de ser atingida pelo furacão Sandy em 2013, a cidade apresentou um plano para aumentar sua resistência contra eventos climáticos severos. São iniciativas que vão proteger ainda mais o litoral, bem como fortalecer os edifícios da cidade e todos os sistemas vitais que sustentam seu funcionamento, como as redes de energia e de telecomunicações, sistemas de transporte, saúde, água e suprimentos alimentares.

No Brasil, pesquisadores da Embrapa (Empresa Brasileira de Pesquisa Agropecuária), há quase dez anos, vêm estudando o comportamento e desenvolvimento das plantas em condições adversas, a fim de identificar cultivares menos sensíveis à seca, principal ameaça climática ao agronegócio brasileiro. Junto com a Unicamp, a instituição realizou em 2008 um megaestudo para avaliar o impacto das mudanças climáticas sobre a agricultura nacional. O relatório mostrou que o aumento de temperatura de 2 °C previsto por estudos anteriores do Painel Intergovernamental de Mudanças Climáticas, da ONU, diminuiria consideravelmente as áreas disponíveis para cultivo de grãos no país. No cenário mais pessimista, a soja sofreria perda de área da ordem de 40% nos próximos 50 anos. Num cenário de aquecimento, contar com a possibilidade de plantas mais tolerantes a estresses hídricos é um passo importante pela segurança alimentar do planeta.

O caminho da adaptação às mudanças climáticas também passa pelo reforço de instrumentos de planejamento e gestão de riscos de desastres naturais. Nesse quesito, o Brasil precisa melhorar. Quase metade das cidades ainda falha na prevenção de desastres, como enchentes e deslizamentos. Pelo menos quatro de cada dez cidades brasileiras sofreram com enchentes e inundações ou deslizamentos de terra nos últimos cinco anos, segundo o estudo Perfil dos Municípios Brasileiros 2013 (Munic 2013), produzido pelo IBGE (Instituto Brasileiro de Geografia e Estatística). É um número alto, que assusta ainda mais quando nos deparamos com outro dado: quase metade (48%) dos municípios não possuem instrumentos de prevenção e gestão de riscos destes fenômenos.

Embora sejam comumente classificados como ameaças naturais, enchentes, alagamentos e processos erosivos não podem ser dissociados de processos socioeconômicos e culturais. Ocupação irregular de encostas, margens de rios e desmatamentos, por exemplo, elevam o grau de vulnerabilidade das cidades e sua população. As consequências são nefastas. Para se ter uma ideia, as inundações fortes, como as que atingiram a Região Serrana do Rio de Janeiro, no começo de 2011, foram o tipo de desastre mais registrado nos últimos cinco anos, com 13.244 ocorrências. Os desastres que ocorreram em áreas de ocupação irregular respondem por 19,5% das áreas com enxurradas ou inundações bruscas. O IBGE pesquisou a existência dos instrumentos de planejamento e de gestão de risco ou fatores de prevenção, responsáveis por diminuir o grau de vulnerabilidade das cidades. Ao todo, foram pesquisados 12 instrumentos de planejamento capazes de aumentar a resiliência dos municípios. Os resultados são destacados abaixo.

| INSTRUMENTO DE PLANEJAMENTO E PREVENÇÃO A DESASTRES | MUNICÍPIOS |
|---|---|
| Com pelo menos um instrumento | 51,9% |
| Plano Diretor que contemple a prevenção de enchentes | 17,2% |
| Lei de Uso e Ocupação do Solo que contemple a prevenção de enchentes | 14,8% |
| Lei específica que contemple a prevenção de enchentes | 2,6% |
| Plano Diretor que contemple a prevenção de escorregamentos | 7,7% |
| Lei de Uso e Ocupação do Solo que contemple a prevenção de escorregamentos | 7,3% |
| Lei específica que contemple a prevenção de escorregamentos | 1,1% |
| Plano Municipal de Redução de Riscos | 9,4% |

| | |
|---|---|
| Carta geotécnica de aptidão à urbanização | 3,5% |
| Plano de Saneamento Básico contemplando o serviço de abastecimento de água | 31,7% |
| Plano de Saneamento Básico contemplando o serviço de esgotamento sanitário | 27,7% |
| Plano de Saneamento Básico contemplando o serviço de limpeza urbana e manejo de resíduos sólidos | 30% |
| Plano de Saneamento Básico contemplando o serviço de drenagem e manejo de águas pluviais urbanas | 19,7% |
| Nenhum dos instrumentos acima | 48% |

Em 2008, o Brasil lançou o seu Plano Nacional sobre Mudança do Clima, que culminou na aprovação, em 2009, de uma política nacional sobre o tema, com metas para redução das emissões de gases de efeito estufa até 2020. Pelos esforços no combate ao desmatamento, que incluem a criação do Fundo Amazônia, o país virou exemplo mundial de redução de emissões proveniente da derrubada de florestas. Criou ainda o Fundo Nacional sobre Mudança do Clima e trabalha, agora, no desenvolvimento de planos setoriais para mitigação às mudanças climáticas. O próximo passo é lançar o Plano Nacional de Adaptação, que pretende ser um marco na prevenção e no monitoramento de desastres naturais. São esforços elogiáveis, mas que estão longe de ser suficientes. Uma crítica comum feita por ambientalistas é que, se de um lado, o Brasil está reduzindo suas emissões do desmatamento, por outro, está elevando as emissões no setor de energia, com maior uso de termelétricas e demora em ações para estimular outras fontes renováveis, como solar e geração por queima de biomassa. Quantas vezes já não ouvimos dizer que o Brasil será um protagonista no debate sobre clima no mundo? A verdade é que entre a promessa e ação, acumulam-se controvérsias. O país ainda dá muitos sinais trocados. Quer ser protagonista ambiental, mas reduz imposto de carros a gasolina e promove termelétricas a carvão. São os nós da política brasileira que ainda precisam ser desatados.

# CONFLITOS HÍDRICOS: A AMEAÇA DO SÉCULO?

Com a perspectiva de a escassez hídrica afetar quatro bilhões de pessoas até 2050, criam-se as condições para um século marcado por conflitos em torno da água. À medida que a qualidade dos recursos hídricos piora e a quantidade disponível tem de atender às crescentes demandas ao longo do tempo, a competição entre os usuários de água se intensifica. Tal situação revela-se particularmente desestabilizadora em bacias hidrográficas que atravessam as fronteiras políticas. "Rivalidade" vem do latim *rivalis*, ou "aquele que usa o mesmo rio que o outro". Na raiz da palavra, espelham-se os conflitos do presente, em que países, comunidades ou províncias fronteiriços disputam as águas que compartilham. Pelo menos 270 bacias fluviais atravessam 145 fronteiras internacionais, fazendo que com 40% da população mundial compartilhe dessas fontes comuns. Muitas são utilizadas por mais de três nações. Como em um condomínio residencial, o uso conjunto dessas reservas hídricas tem o poder de acentuar tensões e aumentar divergências.

Conforme o relatório *State of the World 2005: Redefining Global Security*, produzido pelo Worldwatch Institute's World, é preciso trabalhar por soluções mútuas para evitar conflitos violentos, e os litígios relacionados com a água devem ser considerados no contexto mais amplo de questões política, étnicas e religiosas. A água raramente é a única causa do conflito. Porém, ela pode agravar tensões existentes, portanto deve ser considerada dentro do contexto maior. Ela também desempenha papéis diferentes em um conflito. Segundo o Pacific Institute, entidade americana que conduz pesquisas sobre meio ambiente e segurança internacional, os tipos de conflito envolvendo recursos hídricos se dividem da seguinte maneira:

– Controle de Recursos Hídricos (estatais e não estatais): em que o abastecimento de água ou acesso à água está na raiz das tensões.

– Ferramenta Militar (atores estatais): em que os recursos hídricos, ou sistemas de água, são usados por uma nação ou Estado como uma arma durante uma ação militar.

– Ferramenta política (Estado e atores não estatais): em que os recursos hídricos, ou sistemas de água, são usados por uma nação, Estado ou entidade não estatal para um objetivo político.

– Terrorismo (atores não estatais): em que os recursos hídricos, ou sistemas de água, ou são alvos ou instrumentos de violência e coerção por parte de atores não estatais.

– Alvo Militar (atores estatais): em que os sistemas de recursos hídricos são alvos de ações militares por nações ou Estados.

– Disputas de Desenvolvimento (estatais e não estatais): em que os recursos hídricos ou sistemas de água são uma importante fonte de discórdia e disputa no contexto do desenvolvimento econômico e social.

Estudiosos preveem que a falta de água e o aumento da demanda possam acirrar conflitos em muitas regiões que já sofrem com problemas de abastecimento devido à baixa disponibilidade deste recurso. Em alguns dos maiores produtores de petróleo do mundo, como Iraque e Arábia Saudita, a escassez de água vem se tornando crítica há gerações. O problema também integra o conflito na Faixa de Gaza entre Israel e os palestinos do grupo Hamas. Em Israel, como em todo o Oriente Médio, escassez hídrica é assunto político-militar. O Estado ocupa o vale do rio Jordão há mais de quatro décadas e não concede acesso a suas margens pelos palestinos, detendo o fornecimento. Estima-se que 80% da água do rio seja usada para suprir o consumo de Israel e 20% para a Faixa de Gaza. Os palestinos não têm permissão para cavar poços, e mesmo reservatórios construídos para a captação da água da chuva sem autorização são destruídos pelo Exército Israelense. Durante o verão de 2008, Israel enfrentou sua pior crise de abastecimento de água. Para contornar a situação, o país teve que cavar poços artesianos que estavam reservados para serem usados apenas dois anos depois. O fornecimento de água na região é feito pelo processo de dessalinização, que recebe, anualmente, investimentos vultosos. As principais nascentes do Jordão encontram-se nas Colinas de Golan, região outrora sob domínio da Síria mas que foi conquistada pelas forças israelenses em 1967, durante a Guerra dos Seis Dias. A Síria acusa Israel de drenar a maior parte de água da reserva.

Outro país que depende das águas do mesmo rio é a Jordânia. Além da tensão pelo fato de se tratar de uma fonte fronteiriça, um dos principais problemas que os jordanianos enfrentam é o bombeamento da água do Vale do Jordão, localizado abaixo do nível do mar, até as cidades, que estão a mais de mil metros de altitude. Boa parte do sistema está obsoleto, o que prejudica o desempenho e força o consumo de energia do país. Em momentos passados, a Jordânia já acusou Israel de fazer uso abusivo das águas do Jordão e acusou a vizinha Síria de violar os termos de um acordo de 1987 sobre o uso do rio Yarmouk, afluente do Jordão.

Em 10 de maio, grupos armados atacaram a estação de bombeamento de água na cidade síria de Alepo. Durante oito dias, 2,5 milhões de pessoas ficaram sem acesso à água potável. Não está claro quem foi o responsável. As forças do regime e da oposição culpam umas às outras. Mas uma coisa é certa: em áreas que sofrem com escassez de recursos hídricos, cada gota vira nova arma de guerra. Rios, canais, barragens, esgoto e plantas de dessalinização cada vez mais tornam-se alvos militares, em movimento parecido com o que acontece com poços de petróleo, frequentemente queimados em conflitos.

Mas diferentemente dessa prática de guerra, o controle de água como estratégia bélica é mais cruel, ao afetar não apenas os inimigos armados, mas populações civis. Há outra razão: água é insubstituível.

Sem uma fonte de qualidade, e segura, aumentam os riscos de contaminação e, inevitavelmente, o número de doenças e óbitos. Nouar Shamout, pesquisador da Chatham House, um instituto de política baseado em Londres, explicou em artigo recente que o uso de fontes de água como arma tática pode "aumentar as mortes e as taxas de migração" na guerra civil do país. O conflito na Síria já dura três anos e acumula um saldo triste: 150 mil mortos e quase nove milhões de refugiados. Se o lago Assad, importante manancial da região, perder mais água "o sistema vai parar de funcionar", escreveu Shamout. "Isso poderia resultar em uma catástrofe humanitária." Sob o controle do grupo jihadista Estado Islâmico (EI), antes conhecido como Estado Islâmico do Iraque e do Levante (ISIS na sigla em inglês), o lago Assad já registrou perda recorde de seis metros no nível da água, segundo reportagem do Al Jazeera. Em abril, os insurgentes do ISIS ocuparam uma represa próxima a Falluja, no Iraque, e fecharam as comportas para causar inundações a montante e para cortar o abastecimento de água a jusante. O objetivo era inundar a área em torno da cidade para forçar as tropas do governo a recuar.

Os rebeldes controlam grande parte do curso superior do Tigre e do Eufrates, os dois grandes rios que fluem da Turquia e do qual todo o Iraque e grande parte da Síria dependem para a comida, água e indústria.

## ARMA DE GUERRA

A história está repleta de exemplos de destruição de aquedutos, represas e até mesmo de contaminação das fontes de água potável, métodos usados tanto por terroristas e grupos rebeldes como por governos para atingir militares e população civil. Na década de 1980, durante a guerra Irã-Iraque, o Irã desviou água para inundar as defesas militares do Iraque. Na Guerra do Golfo (1990-1991), o Iraque bombardeou as plantas de dessalinização no Kuwait, destruindo boa parte da capacidade de produção de água potável do país. Mais tarde, em 1993, Saddam Hussein drenou e envenenou o Marismas da Mesopotâmia, que garantia o suprimento de água dos árabes que se escondiam nos pântanos.

Até mortos já foram usados para contaminar água. Na guerra do Kosovo (1996-1999), os sérvios jogaram cadáveres em poços de suprimento da região. Até a técnica de semeadura de nuvens já foi usada como arma de combate. Durante a Guerra do Vietnã, a Força Aérea norte-americana bombardeou nuvens para provocar inundações com o uso de iodeto de prata e outros produtos químicos.

Em 2006, foguetes do Hezbollah danificaram uma estação de tratamento de água em Israel. Em resposta, contra-ataques israelenses danificaram sistemas de água em todo o sul do Líbano, incluindo tanques, tubulações, estações de bombeamento e instalações ao longo do rio Litani. Seis anos depois, em um colégio no Afeganistão, 150 alunas relataram enjoo após beber de uma fonte de água com veneno na escola, em um ataque intencional pensado para ser realizado por religiosos conservadores que se opõem à educação das mulheres.

Todas essas contendas carregam consigo uma mazela: a deterioração do meio ambiente. Lugares que vivem mergulhados em conflitos estão mais expostos à carência de recursos naturais, incluindo água, o que os torna ainda mais vulneráveis. Outra ameaça real à estabilidade nessas regiões são as mudanças climáticas. Relatório produzido pelo 2030 Water Resources Group sugere que em 20 anos a demanda por água será 40% maior que hoje e que um terço da população mundial viverá perto de bacias hidrográficas em que o *deficit* de água será 50% maior em 2030.

Um informe das agências de inteligência dos Estados Unidos define bem o risco. "A escassez de água doce, as secas e inundações vão aumentar a probabilidade de que a água seja usada como arma entre os Estados ou para outras finalidades terroristas em áreas estratégicas, incluindo o Oriente Médio, sul da Ásia e norte da África", diz o texto (*Global Water Security, Intelligence Community Assesment*, 2012). O mesmo relatório alerta que, nos próximos dez anos, a escassez de água e falhas de governo em gerenciá-las são suscetíveis de levar a rupturas sociais e pressões locais e nacionais, com potencial de gerar instabilidades políticas.

Em seu livro *Água: Pacto Azul – A Crise Global e a Batalha Pelo Controle da Água Potável no Mundo*, Maude Barlow, militante canadense fundadora do Blue Planet Project relata como os recursos hídricos viraram prioridade na segurança estratégica dos Estados Unidos e "assunto vital" na Casa Branca após os ataques terroristas do 11 de Setembro. Conforme Barlow, a Agência de Proteção Ambiental (EPA) criou um centro de pesquisas para desenvolver "fundamentações e ferramentas científicas para serem usadas em caso de ataque aos sistemas hídricos do país", além de um programa para disseminar alerta potenciais à água potável.

Uma das tensões em torno da água que mais têm atraído atenção internacional é a do rio Brahmaputra, um curso de água que atravessa China, Índia e Bangladesh, respectivamente a primeira, a segunda e a oitava nações mais populosas do mundo. Todos os três gigantes sofrem com problemas de escassez de água e uma demanda crescente para geração de energia. O rio possui nascentes no platô tibetano da cordilheira do Himalaia, região sob controle da China, que possui planos, alguns em andamento, para a construção de usinas hidroelétricas. Temerosa dos efeitos que a empreitada pode ter, a Índia também está construindo megabarragens ao longo do rio, o que coloca em risco o fornecimento de água para Bangladesh.

A Bacia do Nilo, o maior do mundo com 6,6 mil quilômetros de extensão, tem uma população combinada de mais de 450 milhões de pessoas. Em seus férteis vales floresceu a civilização egípcia. A dependência extrema do Egito das águas do rio Nilo para segurança, eletricidade, água e alimentos é a principal fonte de conflitos na bacia. Geograficamente, a Etiópia é fonte da maior parte das águas do Nilo, mas enfrenta restrição para utilizá-las. Recentemente, o governo etíope anunciou suas intenções de explorar mais seus rios, incluindo o Nilo Azul, um dos afluentes do grande Nilo, gerando preocupações no país vizinho. Em jogo, estão a construção de usinas hidroelétricas e a expansão das redes de irrigação. A tensão é acentuada por conta de uma lei de tempos coloniais acordada entre Egito e Reino Unido que dá ao governo dos egípcios o poder de vetar investidas de outras nações de utilizar as águas do rio em projetos de irrigação.

A construção de hidroelétricas também motiva conflitos no Brasil. Belo Monte e Tapajós, palcos de resistência de indígenas e populações locais, são o exemplo mais recente desses embates. Levantamento anual feito pela Comissão Pastoral da Terra mostra que em 2013 o país registrou 93 conflitos em 19 Estados da federação, a maior taxa nos últimos dez anos. De acordo com a pesquisa, grande parte desses conflitos derivam de contendas para impedir a construção de açudes ou barragens e também contra a apropriação de água por empresas (da mineração e agropecuária, por exemplo). Muitos embates são fruto de intensa participação popular, que busca preservar os recursos frente à interferência de atividades com potencial de causar impactos na disponibilidade ou qualidade da água.

Polêmicas envolvendo a construção de grandes hidroelétricas na Amazônia e seus impactos socioambientais tendem a aumentar. Na região, se encontra aproximadamente 60% do potencial hidroelétrico brasileiro inexplorado. É uma fronteira estratégica mas extremamente vulnerável à expansão do setor de geração de energia, tão necessária para atender à demanda do país nos próximos anos. Em seu *Relatório Global sobre Desenvolvimento e Água 2014*, a ONU reforça a necessidade de políticas e marcos regulatórios que reconheçam a necessidade de coordenar as políticas de água e de gestão de energia para enfrentar os desafios futuros.

Não se pode ignorar quão interligados são esses dois setores. A coleta, o transporte e o tratamento de água necessitam de energia, enquanto a água é utilizada na produção de energia e para a extração de combustíveis fósseis. Outras fontes de energia renovável podem ajudar a reduzir a pressão sobre o recurso, segundo o estudo. Entre 2000 e 2010, a energia eólica e a energia solar cresceram 27% e 42%, respectivamente, em todo o mundo. Mas, embora essas tecnologias exijam muito pouca água, elas fornecem energia de forma intermitente e precisam ser combinadas com outras fontes que não necessitam de água.

Sistemas que permitem a produção combinada de água e energia elétrica provavelmente serão a chave para o futuro, segundo a ONU. É o caso das usinas de Fujairah, nos Emirados Árabes Unidos, e Shoaiba, na Arábia Saudita, que servem tanto para a dessalinização da água do mar como para a produção de energia. Outra solução que vem ganhando força é reciclagem de água de esgoto para geração de energia. A matéria orgânica serve para a produção de biogás rico em metano. No Chile, a central de Farafana trata 50% do esgoto de Santiago e produz perto de 24 milhões de metros cúbicos de biogás. Cem mil moradores usam essa energia, em vez de gás natural. Em Estocolmo, na Suécia, carros e táxis usam biogás produzido a partir de águas residuais. O interesse por esta tecnologia também está crescendo em países em desenvolvimento.

Na literatura sobre conflitos hídricos, a água é comumente referida como o "ouro azul", pelo fato de os recursos estarem se tornando uma mercadoria muito valiosa, à exemplo do petróleo, chamado "ouro negro". Um levantamento feito pela consultoria britânica Maplecroft listou algumas das regiões mais vulneráveis à escassez de água. Muitas delas encontram-se no Oriente Médio, em áreas com histórico de conflitos e que já sofrem outras tensões de ordem política e econômica que ajudam a fragilizar ainda mais o quadro de escassez hídrica.

### Bahrein

O país mais pobre do Oriente Médio é também o que mais sofre com a escassez de água, segundo o *ranking* da Maplecroft. Mais da metade do território do Bahrein é desértico ou semidesértico. Em meio à crescente demanda pelo recurso, associada ao aumento populacional, os especialistas temem o surgimento de conflitos hídricos na região, que vive basicamente da exportação de petróleo. No interior, um pouco mais úmido, produz-se sorgo para consumo interno e algodão para exportação, mas com dificuldade.

### Catar

No Catar, a escassez de água é apontada pela Organização das Nações Unidas para a Alimentação e Agricultura (FAO) como o principal problema. A ausência de rios perenes faz com que a agricultura seja quase inteiramente dependente de irrigação com água bombeada. Estima-se que os aquíferos do Catar se esgotarão entre 20 e 30 anos, se mantidas as taxas atuais de retirada das águas subterrâneas. Além disso, o aumento do desenvolvimento urbano e rural tem levado à poluição das fontes.

### Kuwait

O pequeno país do Oriente Médio, e rei do petróleo, corre "risco extremo" de desabastecimento de água. Rodeado pelo deserto, o Kuwait é considerado o país mais seco do mundo e o único onde não existe água doce. Não há, ao longo de seus 18 mil quilômetros quadrados de território, nenhuma reserva, rios ou lagos, nem mesmo aquíferos subterrâneos de água doce.

### Líbia

Como um país desértico, a Líbia sofre para encontrar água fresca. Seus recursos hídricos, além de limitados, são maldistribuídos pelo território. Para se ter uma ideia, a água de superfície responde por menos de 3% do consumo total do país. Já os aquíferos subterrâneos dão conta dos 97% do abastecimento para agricultura, indústria e uso doméstico. Desde 1960, contudo, os níveis de água têm variado ano a ano devido à irrigação intensiva. A queda anual nos níveis de água varia entre 0,5 metro e cinco metros, o que muitas vezes leva ao ressecamento de aquíferos superficiais ou permite a invasão de água salina.

### Djibuti

O quinto país à beira da seca, segundo o *ranking* da Maplecroft, é vizinho da Etiópia e da Somália. Com clima quente e seco durante todo o ano, Dijibuti não possui rios perenes e registra apenas 150 milímetros de chuva por ano – volume que uma única tempestade forte despeja sobre São Paulo em apenas 24 horas. Pior: em Dijibuti, essa água evapora antes mesmo de chegar aos lençóis freáticos, cujo acesso por comunidades locais, bem como para a produção agrícola e pecuária em pequena escala, não é nada fácil.

### Emirados Árabes

A escassez de água é uma das questões que mais têm determinado as opções tecnológicas dos Emirados Árabes, confederação no Golfo Pérsico formada por Abu Dhabi, Dubai, Sharjah, Ajman, Umm al-Quwain, Ras al-Khaimah e Fujairah. O clima do país é árido, com temperaturas muito elevadas no verão. Para driblar este cenário nada favorável, os Emirados têm investido em unidades de dessalinização da água do mar. Só Dubai deverá investir cerca de US$ 20 milhões neste sistema nos próximos sete anos. Até 2025, estima-se que será necessário investir US$ 200 milhões em programas de infraestrutura e de tratamento de esgoto.

### Iêmen

O Iêmen é a sétima nação do mundo em risco extremo de secar. Mantidos os ritmos atuais de extração, os poços que abastecem a capital Sanaa podem praticamente desparecer nos próximos dez anos. Conflitos civis são a principal efeito de uma oferta de água que não acompanha o crescimento populacional, um dos mais elevados do mundo, com taxa de crescimento 3,46% em 2008.

### Arábia Saudita

A Arábia Saudita é outro país que vive a crise da água de forma dramática. Pela falta de corpos hídricos na superfície, o abastecimento de água potável para o consumo e para outras atividades agrícolas e industriais é quase totalmente garantido por fontes subterrâneas. Hoje, 90% da água de poços profundos é utilizada para fins agrícolas. O problema é que esse recurso, já precariamente baixo, tem sido contaminado há décadas por conflitos no Golfo Pérsico e pela infiltração de poluentes da própria atividade agrícola. Em função disso, o país começou a procurar novas fontes de água, movimento que pode resultar em pontos de tensão política e conflitos com seus vizinhos.

### Omã

A incerteza paira sobre os recursos hídricos deste pequeno país árabe. Secas constantes e um número limitado de chuvas ajudam a aumentar as pressões sobre o fornecimento de água para uso agrícola e também doméstico. O solo de Omã está cada vez mais salinizado pela exploração desenfreada e malcoordenada das reservas subterrâneas de água doce, o que muitas vezes permite a invasão de água salgada no lençol freático das planícies costeiras.

### Egito

Verões rigorosos, demanda crescente e aumento constante das tarifas tornam a situação do abastecimento de água no Egito bastante complicada. Faltam sistemas de saneamento em larga escala, e menos de 15% da população conta com esgoto tratado. Durante o verão de 2008, muitas pessoas chegaram a beber água diretamente do próprio Nilo, o que causou uma série de infecções.

### Mauritânia

Situada no noroeste da África, na região do deserto do Saara, a Mauritânia é o país mais vulnerável do mundo à crise de água. Pelo menos 90% de todo o Estado é dependente do abastecimento de água externo. Com apenas um rio em seu território para provisão durante todo o ano, o país é quase inteiramente seco. O rio que o atravessa, o Senegal, faz ainda fronteira com outros quatro países e tem suas margens constantemente invadidas por tribos africanas. O crescimento populacional, estimado em 3% ao ano, aumenta mais ainda a demanda por água, bem como os riscos de poluição deste recurso natural. Em 2005, estima-se que o governo da Mauritânia tenha gasto cerca de US$ 15 milhões para o tratamento de doenças de transmissão hídrica. A desertificação acelerada combinada à redução das chuvas e a falta de uma rede de distribuição de água agravam o quadro de escassez de água no país.

### Nigéria

A crise de abastecimento na Nigéria não se dá pela falta de água, já que o país possui reservas, lagos e rios em abundância, mas pela falta de sistemas adequados de tratamento e purificação. Apenas 9% dos nigerianos têm acesso a esgoto tratado e saneamento. Tanto que doenças ligadas à água estão entre as principais causas de morte no país.

### Iraque

O acesso à água no Iraque, um dos piores do mundo, soma-se a outros problemas que assolam a população local, como a violência sectária e os conflitos políticos. Anos de guerra afetaram profundamente a fragilizada infraestrutura hídrica do país, o que tem desencadeado tensões armadas e deslocamentos populacionais, aumentando ainda mais a pressão sobre este recurso natural. A poluição é outra ameaça ao abastecimento de água potável que deixa milhões de iraquianos em perigo. Além disso, os rios Tigre e Eufrates estão lentamente diminuindo e, em algumas localidades, já não conseguem fornecer água em quantidade suficiente.

## Cooperação é o caminho

Apesar das crescentes ameaças às águas transfronteiriças, há mais casos de gestão compartilhada amigável deste recurso do que conflitiva pelo mundo. Em vez de ser alvo de disputa, a água pode ser a chave para a cooperação. Em geral, o tratamento diplomático aos problemas da água tem prevalecido sobre a força das armas. De acordo com a ONU, os últimos 50 anos viram apenas 37 disputas hídricas agudas envolvendo violência em torno da água, em comparação com 150 tratados que foram assinados. Acordos de uso das águas são garantia de previsibilidade e estabilidade nas relações internacionais. E eles imperam.

Segundo a ONU, mais de 3.600 tratados sobre recursos hídricos internacionais foram elaborados desde 805 a.C. O mais antigo do qual se tem relato data de 2500 a.C., quando as duas cidades-estados sumérias de Lagash e Umma aceitaram um acordo para pôr fim a uma disputa de água ao longo do rio Tigre.

Desde então, uma grande quantidade de tratados sobre água surgiu. A maioria deles lida com navegação e demarcação de fronteira. Mas segundo a ONU, foi apenas ao longo do último século que o foco da negociação e elaboração de tratados passou a abranger questões de uso, desenvolvimento, proteção e conservação dos recursos hídricos.

Nesse contexto, um marco na legislação é a Convenção das Nações Unidas sobre a Utilização dos Cursos d'Água Internacionais para fins distintos da Navegação, de 1997. O instrumento internacional estabeleceu dois princípios fundamentais para orientar a conduta das nações com relação a cursos de água compartilhados: "o uso equitativo e razoável" e "a obrigação de não causar dano significativo" para os vizinhos. No entanto, cabe aos próprios países ditar exatamente o que estes termos significam em suas bacias hidrográficas (UNRIC).

### Revolta Popular

O controle dos serviços de água por empresas privadas também pode servir de estopim para conflitos. Da Bolívia vem um dos casos mais famosos de rebelião popular contra tais iniciativas, a "Guerra de Cochabamba". O conflito tornou-se símbolo das lutas para proteger os direitos comuns, mostrando que a participação popular pode ter uma grande influência sobre a tomada de decisão no que diz respeito à gestão dos serviços públicos. Produzido por 23 universidades e organizações civis, o *Atlas de Justiça Ambiental* reúne informações sobre tensões envolvendo poder público, empresas e sociedade civil, como o conflito boliviano, contado a seguir:

Em 1999, a empresa norte-americana Bechtel obteve a concessão para administrar os serviços de água em Cochabamba, a terceira maior cidade da Bolívia. O custo da água triplicou e foi necessário comprar uma licença para acessar os recursos hídricos, e um sistema de licenciamento para a coleta de água da chuva também foi introduzido. Depois de um ano, mais de metade dos moradores ainda não tinha acesso à água. Em abril de 2000, centenas de milhares de pessoas marcharam nas ruas de Cochabamba para protestar contra o governo, que foi obrigado a revogar a Lei de Privatização da Água. O contrato com a multinacional Bechtel foi encerrado. Há uma longa história de protestos dos camponeses nesta região, caracterizada por uma escassez permanente dos recursos hídricos. Neste contexto, a privatização da empresa de distribuição de água municipal, vinculada a uma transferência de água chamada projeto Misicuni, enfureceu a população local na ocasião, ao mesmo tempo, a nível nacional, a regulação do abastecimento de água e saneamento foi influenciada por recomendações do Banco Mundial. A reação do público levou à formação de uma Plataforma de Coordenação Departamental de Água e da Vida, que cresceu até a ocupação simbólica da cidade de Cochabamba ser brutalmente reprimida. Então, em abril de 2000, a Coordenadora apresentou as medidas de privatização a um referendo popular. O resultado foi 90% favorável à gestão pública. Diante dessa mobilização massiva e permanente, o governo finalmente decidiu desistir da privatização, dando a gestão da água para a Coordenadora (juntamente com a dívida considerável da empresa). Desde então, a gestão da água em Cochabamba tem um caráter público. No entanto, subsistem graves problemas de abastecimento em muitas áreas da cidade, que foram mitigados através da criação de comitês de água que regem o uso de acordo com as tradições da comunidade.

# BIBLIOGRAFIA


ABREU, Fernando G. de & BRANDÃO, João Luiz Boccia, *Impactos e desafios futuros no monitoramento dos contaminantes emergentes*, ABH – Associação Brasileira de Recursos Hídricos, in: Simpósio Brasileiro de Recursos Hídricos – Água: Desenvolvimento econômico e sócio ambiental (17 a 22 de nov. 2003, Bento Goçalves, RS). Disponível em: <https://www.abrh.org.br/sgcv3/UserFiles/Sumarios/a8514ef31d822864a33bf9d119d91095_9148e05313c2aa67326457f676c03fbf.pdf>. Acesso em: 17 de Junho de 2014.

AÇÃO CIVIL PÚBLICA Nº 5005509-18.2014.404.7005/PR – BRASBURY, L. C. S. L. (Juiz Federal Substituto na Titularidade Plena), Cascavel, Paraná, jun. 2014. Disponível em: <http://cbhpp.org/files/2014/08/12-Decis%C3%A3o-do-juiz-federal-concedendo-LIMINAR.pdf>. Acesso em: 27 de Julho de 2014.

ALMEIDA, G.A & WEBER, R.R., UNIVERSIDADE DE SÃO PAULO – INSTITUTO OCEANOGRÁFICO, *Fármacos na Represa Billings*, in: Revista Saúde e Ambiente / Health and Environment Journal, São Paulo, v. 6, n. 2, dez. 05. Disponível em: <http://periodicos.univille.br/index.php/RSA/article/viewFile/72/115>. Acesso em: 10 de Junho de 2014.

AGÊNCIA NACIONAL DE ÁGUAS – ANA & DEPARTAMENTO DE ÁGUAS E ENERGIA ELÉTRICA – DAEE, *Dados de referência acerca da outorga do Sistema*, ago. 2013. Disponível em: http://www.agua.org.br/editor/file/cantareira/dados.pdf. Acesso em: 15 de Agosto de 2014.

*Agriculture, food and water: A contribuition to the World Water Development Report,* FAO, 2013. Disponível em: <ftp://ftp.fao.org/agl/aglw/docs/agricfoodwater.pdf>. Acesso em: 1º de Agosto de 2014.

AGROTÓXICOS: FIOCRUZ PUBLICA CARTA ALERTANDO PARA OS PERIGOS DE MUDANÇA NA LEI, Fundação Oswaldo Cruz. Disponível em: <http://portal.fiocruz.br/pt-br/content/fiocruz-publica-carta-aberta-alertando-sobre-flexibilizacao-de-leis-que-regulam-agrotoxicos>. Acesso em: 13 de Agosto de 2014.

*Água na medida certa: sistema de gotejamento é um dos caminhos para alcançar o máximo potencial produtivo dos canaviais*, Canal Jornal da Bioenergia, Goiânia, jun. 2014, Ano 8, nº 92. Disponível em: <http://www.canalbioenergia.com.br/files/revista/utlfihctcolxtgxmaekbqstgmkgwfd.pdf>. Acesso em: 15 de Junho de 2014.

AQUEDUTE & WORLD RESOURCER INSTITUTE, *Agriculture exposure to water stress: Competition for and depletio of water in major agricultural áreas*. Disponível em: <http://www.wri.org/applications/maps/agriculturemap/#x=0.00&y=0.00&l=2&v=home&d=rice&init=y>. Acesso em: 12 de Agosto de 2014.

*An updated synthesis of the impacts of ocean acidification on marine biodiversity,* Secretariat of the Convention on Biological Diversity, no. 75, 2014. Disponível em: <http://www.cbd.int/doc/publications/cbd-t75-en.pdf>. Acesso em: 3 de Agosto de 2014.

ANA 2013, *Atlas da Água*. Disponível em: <http://atlas.ana.gov.br/Atlas/forms/Home.aspx>. Acesso em: 3 de Agosto de 2014.

*Atlas of Mortality and economic losses from weather, climate and water extremes (1970–2012)*, World Meteorological Organization, Geneve, Suiça, 2014. Disponível em: <http://www.wmo.int/pages/prog/drr/transfer/2014.06.12-WMO1123_Atlas_120614.pdf>. Acesso em: 9 de Julho de 2014.

AUGUSTO, L., GURGEL, I., NETO, H., MELO, C. & COSTA, A., *O contexto global e nacional frente aos desafios do acesso adequado à água para consumo humano,* Ciência e saúde coletiva, v.17, n. 6, Rio de Janeiro, jun. 2012. Disponível em: <http://www.scielo.br/scielo.php?script=sci_arttext&pid=S1413-81232012000600015>. Acesso em: 14 de Agosto de 2014.

*Avaliação do impacto da poluição atmosférica no Estado de SP sob a visão da saúde,* Instituto Saúde e Sustentabilidade, set. 2013. Disponível em: <http://www.saudeesustentabilidade.org.br/site/wp-content/uploads/2013/09/Documentofinaldapesquisapadrao_2409-FINAL-sitev1.pdf>. Acesso em: 2 de Outubro de 2014.

BARSOSA, V., *Degelo do Ártico, a porta de entrada para uma hecatombe?*, Exame.com, set. 2013. Disponível em: <http://exame.abril.com.br/mundo/noticias/degelo-no-oceano-artico-reserva-surpresas-desagradaveis>. Acesso em: 27 de Maio de 2014.

BARBOSA, V., *Poluição do solo por nitrogênio é a nova ecocrise chinesa?*, Exame.com, São Paulo, Ed. Abril, fev. 2013. Disponível em: <http://exame.abril.com.br/mundo/noticias/nitrogenio-causa-poluicao-crescente-e-silenciosa-na-china?page=1>. Acesso em: 1° de Julho de 2014.

BARBOSA,V., *Conhece o albedo? Ele está diminuindo e isso não é nada bom*, Exame.com, fev. 2014. Disponível em: <http://exame.abril.com.br/tecnologia/noticias/conhece-o-albedo-ele-esta-diminuindo-e-isso-nao-e-nada-bom>. Acesso em: 8 de Julho de 2014.

BARBOSA, V., *Até quando SP vai ressuscitar (e esgotar) volumes mortos?*, jul. 2014. Disponível em: http://exame.abril.com.br/brasil/noticias/ate-quando-vale-ressuscitar-e-esgotar-volumes-mortos-em-sp. Acesso em: 10 de Agosto de 2014.

BARBOSA, V., *Chuva artificial? Veja polêmica da técnica já usada no país*, jul.2014. Disponível em: <http://exame.abril.com.br/tecnologia/noticias/como-se-faz-chuva-artificial-e-por-que-ela-e-tao-polemica>. Acesso em: 11 de Agosto de 2014.

BARLOW, Maude. Água, *Pacto Azul:* a crise global da água e a batalha pelo controle da água potável no mundo. São Paulo: M.Books do Brasil Editora, 2009.

BEBBER, D., RAMOTOWSKI, M. & GURR, S., *Crop pests and pathogens move polewards in a warming world*, Nature International Weekly Journal of Science, 2013. Disponível em: <http://www.nature.com/nclimate/journal/v3/n11/full/climate1990.html >. Acesso em: 14 de Julho de 2014.

*Barragem rompe em Ponte Serrada e deixa cidade de Arvoredo em alerta*, Globo.com, G1, Santa Catarina, jun. 2014. Disponível em: <http://g1.globo.com/sc/santa-catarina/noticia/2014/06/barragem-rompe-em-ponte-serrada-e-deixa-cidade-arvoredo-esta-em-alerta.html>. Acesso em: 10 de Julho de 2014.

*Benefícios Econômicos e Sociais da Expansão do Saneamento no Estado de São Paulo*, GO associados, São Paulo, nov. 2013. Disponível em: <http://www.tratabrasil.org.br/datafiles/uploads/estudos/beneficios/Estudo-Completo-GO.pdf>. Acesso em: 31 de Julho de 2014.

BIENKOWSKI, Brian, *Fish on Prozac: Anxious, anti-social, aggressive*, in: Enviromental Health News, jun. 2013. Disponível em: <http://www.environmentalhealthnews.org/ehs/news/2013/fish-on-prozac>. Acesso em: 5 de Junho de 2014.

BRANDT, R. *Empresa terá de pagar R$ 1 bilhão por contaminação de ex-trabalhadores: análises mostram que foram enterrados no terreno 3 mil metros cúbicos de lixo tóxico; multinacional fez autodenúncia há 10 anos*, O Estado de S. Paulo, São Paulo, mai. 2014. Disponível em: <http://saude.estadao.com.br/noticias/geral,empresa-tera-de-pagar-r-1-bi--por-contaminacao-de-ex-trabalhadores,1164554>. Acesso em: 7 de Julho de 2014.

BRENHA, H. & GERAQUE, E., *Consumo de água na grande São Paulo cresce mais que a produção*, Folha de S.Paulo, abr. 2014. Disponível em: <http://www1.folha.uol.com.br/cotidiano/2014/04/1435060-consumo-de-agua-na-grande-sao-paulo-cresce-mais-que-a-producao.shtml>. Acesso em: 12 de Agosto de 2014.

CARSON, Rachel. *Primavera Silenciosa.* São Paulo: Editora Gaia, 2010.

CERES REPORT & MORRISON, J., MORIKAWA, M., MURPHY, M. & SHULTE, P., *Water Scarcity & Climate Change: Growing Risks for Businesses & Investors Authored by the Pacific Institute*, Pacific Institute,

Oakland, California, fev. 2009. Disponível em: <http://www.ceres.org/resources/reports/water-scarcity-climate change-risks-for-investors-2009>. Acesso em: 22 de Julho de 2014.

CETESB - DIRETORIA DE CONTROLE E LICENCIAMENTO AMBIENTAL, DEPARTAMENTO DE APOIO TÉCNICO DEPARTAMENTO DE ÁREAS CONTAMINADAS. Relação de áreas contaminadas e reabilitadas no Estado e São Paulo – Texto explicativo, dez. 2011. Disponível em: <http://www.cetesb.sp.gov.br/userfiles/file/areascontaminadas/2011/textoexplicativo.pdf>. Acesso em: 3 de Julho de 2014.

*CHAPTER SIX | FINANCE: Financing a Low-Carbon Future*, The New Climate Economy, 2014. Disponível em: <http://newclimateeconomy.report/finance/>. Acesso em: 17 de Agosto de 2014.

*Charting Our Water Future: Economic frameworks to inform decision-making*, The 2030 Water Resources Group (The Barilla Group, The Coca--Cola Company, The International Finance Corporation, McKinsey & Company, Nestlé S.A., New Holland Agriculture, SABMiller plc, Standard Chartered Bank, and Syngenta AG), 2009. Disponível em: <http://www.2030waterresourcesgroup.com/water_full/Charting Our_Water_Future_Final.pdf >. Acesso em: 1° de Agosto de 2014.

CHILKOT, A., *Water shortage shuts coca-cola plant in India*, Food & Beverage, Mumbai, jun. 2014. Disponível em: <http://www.ft.com/intl/cms/s/16d888d4-f790-11e3-b2cf 00144feabdc0,Authorised=-false.html?_i_location=http%3A%2F%2Fwww.ft.com%2Fcms%-2Fs2F0%2F16d888d4-f790-11e3-b2cf 00144feabdc0.html%3Fsite-edition%3Duk&siteedition=uk&_i_referer=#axzz3BKzgH5mn>. Acesso em: 9 de Agosto de 2014.

*Climate-smart development: adding up the benefits of actions that help build prosperity, end poverty and combat climate change (Vol. 1 of 2): Main report (English)*, The World Bank, v. 1, 2014. Disponível em: <http://documents.worldbank.org/curated/en/2014/06/19703432/climate-smart-development-adding-up-benefits-actions-help-build-prosperity-end-poverty-combat-climate-change-vol-1-2-main-report>. Acesso em: 11 de Agosto de 2014.

COMUNICAÇÃO SOCIAL TJSP – PC. *TSPJ condena Sabesp e Município por fornecerem água com excesso de flúor.* Disponível em: <http://www.tjsp.jus.br/Institucional/CanaisComunicacao/Noticias/Noticia.aspx?Id=20819>. Acesso em: 30 de Maio de 2014.

CONFEDERAÇÃO NACIONAL DA INDÚSTRIA – CNI, *Água, Indústria e Sustentabilidade*, Brasília, 2013. Disponível em: <http://arquivos.portaldaindustria.com.br/portlet/200/24216/20131024095229707263e.pdf>. Acesso em: 29 de Julho de 2014.

CONFEDERAÇÃO NACIONAL DA INDÚSTRIA (CNI), DIRETORIA DE EDUCAÇÃO E TECNOLOGIA (DIRET) & INSTITUTO BRASILEIRO DE MINERAÇÃO (IBRAM), *Mineração e Economia Verde: Encontro da Indústria para a sustentabilidade*, Brasília, 2012. Disponível em: <http://www.ibram.org.br/sites/1300/1382/00002708.pdf>. Acesso em: 18 de Julho de 2014.

*Creating a Sustainable Food Future: A menu of solutions to sustainably feed more than 9 billion people by 2050*, World Resources Report 2013-14: Interim Findings, WRI, 2013. Disponível em: <http://www.wri.org/sites/default/files/wri13_report_4c_wrr_online.pdf>. Acesso em: 19 de Agosto de 2014.

DAVEY, J. C, NOMIKOS, A. P, WUNGIRANIRUN, M., SHERMAN, J. R, INGRAM, L., BATKI, C., LARIVIERE, J. P & HAMILTON, J. W., *Arsenic as an endocrine disruptor: arsenic disrupts retinoic acid receptor-and thyroid hormone receptor-mediated gene regulation and thyroid hormone-mediated amphibian tail metamorphosis*, US National Library of Medicine, National Isntitue of Health, in: Environ Health Perspect, Epub, fev. 2008. Disponível em: <http://www.ncbi.nlm.nih.gov/pubmed/21233055>. Acesso em: 14 de Julho de 2014.

*Desastres naturais: recursos para Petrópolis não saem do papel*, Contas Abertas, mar. 2013. Disponível em: <http://www.contasabertas.com.br/website/arquivos/830>. Acesso em: 9 de Junho de 2014.

*Descarte Ilegal de Efluentes Industriais na Região Metropolitana de São Paulo*, Grupo de Economia da Infraestrutura & Soluções Ambientais, São Paulo, fev. 2014. Disponível em: <http://pt.slideshare.net/goassociados/efluentes-industrias>. Acesso em: 16 de Agosto de 2014.

DOWBOR, Ladislau & TAGNIN, Renato Arnaldo (Orgs.), *Administrando a água como se fosse importante:* Gestão Ambiental e Sustentabilidade. São Paulo: Editora Senac, 2005.

*O Direito Humano à Água e Saneamento*, Programa da Década da Água da ONU-Água sobre Advocacia e Comunicação (UNW-DPAC), Escritório das Nações Unidas de apoio à Década Internacional de Ação (UNO-IDFA) "Água para a Vida, 2005-2015, Espanha. Disponível em: <http://www.un.org/waterforlifedecade/pdf/human_right_to_water_and_sanitation_media_brief_por.pdf>. Acesso em: 2 de Setembro de 2014.

ELY, D., *Como São Paulo chegou à escassez de água: após quedas sequenciais no nível das represas do Sistema Cantareira, população sofre com o desabastecimento*, Zh Notícias, ago. 2014. Disponível em: <http://zh.clicrbs.com.br/rs/noticias/noticia/2014/08/como-a-grande-sao-paulo-chegou-a-escassez-de-agua-4566043.html>. Acesso em: 25 de Agosto de 2014.

*Estudo quantifica impactos positivos à economia do Estado de São Paulo com a universalização do saneamento,* Instituto Trata Brasil e GO Associados. Disponível em: <http://www.tratabrasil.org.br/estudo-quantifica-impactos-positivos-a-economia-do-estado-de-sao-paulo-com-a-universalizacao-do-saneamento-basico>. Acesso em: 3 de Agosto de 2014.

*Estudo mostra que o Aquífero Guarani está contaminado por agrotóxicos,* Eco-Debate – Cidadania & Meio Ambiente, 2011. Disponível em: <http://www.ecodebate.com.br/2011/05/19/estudo-mostra-que-o-aquifero-guarani-esta-contaminado-por-agrotoxicos/>. Acesso em: 30 de Julho de 2014.

*Extreme weather, extreme prices: the costs of feeding a warming world*, Oxfam International, 2012. Disponível em: <http://policy-practice.oxfam.org.uk/publications/extreme-weather-extreme-prices-the-costs-of-feeding-a-warming-world-241131>. Acesso em: 1° de Junho de 2014.

*Feeding a Thirsty World Challenges and Opportunities for a Water and Food Secure Future*, World Water Week, Water and Food Security, Water Institute, SIWI, Stockholm International, 2012. Disponível em: <http://www.siwi.org/documents/Resources/Reports/Feeding_a_thirsty_world_2012worldwaterweek_report_31.pdf>. Acesso em: 7 de Agosto de 2014.

FEDERAÇÃO DAS INDÚSTRIAS DO ESTADO DO RIO DE JANEIRO (FIRJAN) & SERVIÇO DE APOIO ÀS MICRO E PEQUENAS EMPRESAS NO ESTADO DO RIO DE JANEIRO (SEBRAE/RJ), *Manual de Conservação e reuso de água na indústria*, Rio de Janeiro, 2006. Disponível em: <http://www.firjan.org.br/data/pages/2C908CE9215B0DC4012164A77509221B.htm>. Acesso em: 14 de Junho de 2014.

FEDERAÇÃO DAS INDÚSTRIAS DO ESTADO DE SÃO PAULO (FIESP), *Infográfico: as indústrias e o eventual racionamento de água*, Agência Indusnet Fiesp, ago. 2014. Disponível em: <http://www.fiesp.com.br/noticias/infografico-as-industrias-e-o-eventual-racionamento-de-agua/>. Acesso em: 17 de Agosto de 2014.

FISHMAN, C., *The dangerously clean water used to make your Iphone – The ultra-pure water used to clean semiconductors and make microchips wuold suck vital minreals right out of your body, plus it tastes really nasty*, Fast Company, abr. 2011. Disponível em: <http://www.fastcompany.com/1750612/dangerously-clean-water-used-make-your-iphone>. Acesso em: 5 de Agosto de 2014.

FOOD AND AGRICULTURE ORGANIZATION OF THE UNITED NATIONS (FAO) & NATURAL RESOUCERS MANAGEMENT AND ENVIRONMENT DEPARTMENT, *Food wastage footprint: impacts on natural resources*, Summary Report, 2013. Disponível em: <http://www.fao.org/docrep/018/i3347e/i3347e.pdf>. Acesso em: 22 de Junho de 2014.

GILLISSEPT, Justin, *Fixing Climate Change May Add No Costs, Report Says*, The New York Times, set. 2014. Disponível em: <http://www.ny-

times.com/2014/09/16/science/earth/fixing-climate-change-may-add-no-costs-reportsays.html?hp&action=click&pgtype=Homepage&version=HpSum&module=second-column=-region&region-top-news&WT.nav=top-news>. Acesso em: 5 de Junho de 2014.

GOVERNO DO ESTADO DE SÃO PAULO, SECRETARIA DO MEIO AMBIENTE & COMPANHIA AMBIENTAL DO ESTADO DE SÃO PAULO, *Qualidade das águas superficiais no Estado de São Paulo – Série de Relatórios*, 2013. Disponível em: <http://www.cetesb.sp.gov.br/userfiles/file/agua/aguas-superficiais/relatorio-aguas-superficiais-2013-parte1.pdf>. Acesso em: 22 de Agosto de 2014.

GRANDJEAN, Philippe & LANDRIGAN, Philip J., *Neurobehavioural effects of developmental toxicity*, Lancet Neurol 2014, Department of Environmental Medicine, University of Southern Denmark, Odense & Department of Environmental Health, Harvard School of Public Health, Boston, MA, USA, fev. 2014. Disponível em: <http://press.thelancet.com/chemicals.pdf>. Acesso em: 27 de Junho de 2014.

GRUPO INTER GTs DE DIÁLOGOS E CONVERGÊNCIAS DA ASSOCIAÇÃO BRASILEIRA DE SAÚDE COLETIVA & COMISSÃO EXECUTIVA DO DOSSIÊ RIO DE JANEIRO, WORLD NUTRITION – RIO 2012, *Um alerta sobre os impactos dos Agrotóxicos na Saúde*. Disponível em: <www.abrasco.org.br/UserFiles/File/ABRASCODIVULGA/2021/DossieAGT.pdf>. Acesso em: 15 de Agosto de 2014.

HICKEV, H., *West Antartic Ice Sheet colapse is under way*, University of Washington, mai. 2014. Disponível em: <http://www.washington.edu/news/2014/05/12/west-antarctic-ice-sheet-collapse-is-under-way/>. Acesso em: 2 de Junho de 2014.

*Hidden Consequences: The costs of industrial water pollution on people, planet and profit*, Greenpeace International , 2011. Disponível em: <http://www.greenpeace.org/international/Global/international/publications/toxics/Water%202011/Hidden%20Consequences.pdf>. Acesso em: 8 de Agosto de 2014.

HIROTA, M., *Por que desmatar 79% da área de mananciais secou São Paulo,* SOS Mata Atlântica, out. 2014. Disponível em: <http://www.sosma.org.br/101149/por-que-desmatar-79-da-area-de-mananciais-secou-sao-paulo>. Acesso em: 15 de Outubro de 2014.

HOEKSTRA, A. Y. & NATURE CLIMATE CHANGE, *Escassez de água desafia os negócios: disponibilidade de água doce ganha destaque entre riscos globais*, Scientific American (Brasil), abr. 2014. Disponível em: <http://www2.uol.com.br/sciam/noticias/escassez_de_agua_desafia_os_negocios.html>. Acesso em: 3 de Agosto de 2014.

HUIS, A., ITTERBEECK, J., KLUNDER, H., HALOORAN, A., MUIR, G. & VANTOMME, P., *Edible insects: Future prospects for food and feed security*, Food and agriculture organization of the united nations (FAO), Roma, 2013. Disponível em: <http://www.fao.org/docrep/018/i3253e/i3253e.pdf>. Acesso em: 25 de Julho de 2014.

*IAP – Índice de Qualidade das Águas Brutas para Fins de Abastecimento Público*, Cetesb/SP. Disponível em: <http://www.cetesb.sp.gov.br/userfiles/file/agua/aguas-superficiais/aguas-interiores/documentos/indices/03.pdf>. Acesso em: 22 de Agosto de 2014.

*Impactos, Vulnerabilidades e Adaptação: Contribuição do Grupo de Trabalho 2 ao Primeiro Relatório de Avaliação Nacional do Painel Brasileiro de Mudanças Climáticas*, Painel Brasileiro de Mudanças Climáticas – Secretaria Executiva, Brasília, DF, 2013. Disponível em: <http://www.pbmc.coppe.ufrj.br/documentos/MCTI_PBMC_sumario_executivo_impactos_vulnerabilidades_e_adaptacao_WEB_3.pdf>. Acesso em: 3 de Agosto de 2014.

*Impacts of climate change on the agricultural and aquatic systems and natural resources within the CGIAR's mandate*, Agriculture and Food Security (CCAFS) & CGIAR Research Program on Climate Change, Copenhagen, Denmark, 2012. Disponível em: <https://cgspace.cgiar.org/bitstream/handle/10568/21226/ccafs-wp-23cc_impacts_CGIAR.pdf?sequence=7>. Acesso em: 10 de Julho de 2014.

INSTITUTO BRASILEIRO DE DEFESA DO CONSUMIDOR, *Idec entende que cobrança de multa por aumento do consumo de água é ilegal: Medida anunciada pelo governo de São Paulo contraria o Código de Defesa do Consumidor (CDC). Consumidor que se sentir lesado deve recorrer à Justiça e aos órgãos de defesa do consumidor*, abr. 2014. Disponível em: <http://www.idec.org.br/em-acao/em-foco/idec-entende-que-cobranca-de-multa-por-aumento-do-consumo-de-agua-e-ilegal>. Acesso em: 20 de Agosto de 2014.

INSTITUTO BRASILEIRO DE GEOGRAFIA E ESTATÍSTICA, Pesquisa Nacional por Amostra de Domicílios – 2013. Disponível em:<http://www.ibge.gov.br/home/estatistica/populacao/trabalhoerendimento/pnad2013/default.shtm>.Acesso em: 10 de Agosto de 2014.

INTELLIGENCE COMMUNITY ASSESSMENT (ICA), *Global Water Security/IC-coordinated paper*, fev. 2012. Disponível em: <http://www.dni.gov/files/documents/Newsroom/Press%20 Releases/ICA_Global%20Water%20Security.pdf>. Acesso em: 18 de Agosto de 2014.

INTERGOVERNMENTAL PAINEL ON CLIMATE CHANGE, *Climate Change 2014: Mitigation of Climate Change, Climate Change 2014: Impacts, Adaptation and Vulnerability & Climate Change 2013: The Physical Science Basis*. Disponível em: <http://www.ipcc.ch/> Acesso em: 7 de Julho de 2014.

IPIECA – The global oil and gas industry association for environmental and social issues. Disponível em: <http://www.ipieca.org/>. Acesso em: 15 de Julho de 2014.

*Key emerging economies and oil rich nations export water issues to ensure food security through African "land grab": Lack of stable supplies may lead to future oil price hikes and regional unrest*, Maple Croft. Disponível em: <http://maplecroft.com/about/news/water_stress_index.html>. Acesso em: 10 de Outubro de 2014.

LEITE, F., *Ministério Público investiga gastos de R$ 1 bilhão da* Sabesp, O Estado de S. Paulo, mai.2014. Disponível em: <http://sao-paulo.estadao.com.br/noticias/geral,mp-investiga-gastos-de-r-1-bi-da-sabesp,1169293>. Acesso em: 28 de Maio de 2014.

LIPINSKI, B., HANSON, C., LOMAX, J., KITINOJA, L., WAITE, R. & SEARCHINGER, T., *Reducing Food Loss and Waste*, Working Paper, World Resources Institute, mai. 2013. Disponível em: <http://www.unep.org/pdf/WRI-UNEP_Reducing_Food_Loss_and_Waste.pdf>. Acesso em: 17 de Agosto de 2014.

MARINA SILVA. *Resolução nº 357,* de 17 de Março de 2005 publicada no DOU nº 053, de 18 de Março de 2005, p. 58-63. Disponível em: <http://www.mma.gov.br/port/conama/res/res05/res35705.pdf>. Acesso em: 15 de Junho de 2014.

MARTY, Jean-Louis, *Contaminantes Emergentes – Desafios e Perspectivas,* in: 51º CBQ (9 a 13 de out. de 2011, São Luís, MA). Disponível em: <http://www.abq.org.br/rqi/2013/738/RQI-738-pagina4-Contaminantes-Emergentes.pdf>. Acesso em: 27 de Julho de 2014.

MASON, Betsy, *River fish accumulates human drugs: Anti-depressant ingredients found in animals downstream of sewage plant*, in: Nature: International weekly jornal of science, nov. 2003. Disponível em: <http://www.nature.com/news/1998/031103/full/news031103-8.html>. Acesso em: 2 de Julho de 2014.

MATTAR, H., *Melhor mobilidade traz benefícios à economia do País e à qualidade de vida das pessoas*, Planeta Sustentável, fev. 2014. Disponível em: <http://planetasustentavel.abril.com.br/noticia/sustentabilidade/melhor-mobilidade-traz-beneficios-economia-pais-qualidade-vida-pessoas-772097.shtml>. Acesso em: 14 de Agosto de 2014.

McCLELLAN, J., KEITH, D. APT, J., *Cost analysis of stratospheric albedo modification delivery systems*, IOP Publishing Ltd, 2012. Disponível em: <http://iopscience.iop.org/1748-9326/7/3/034019/article>. Acesso em: 9 de Agosto de 2014.

MEKONNEN, M. & HOEKSTRA, A., *The green, blue and grey water footprint of production and consumption*, Water Footprint, Value of Water Research Report Series, v. 1, n. 50, mai. 2011. Disponível em: <http://www.waterfootprint.org/Reports/Report50-NationalWaterFootprints-Vol1.pdf>. Acesso em: 10 de Junho de 2014.

MENEZES, D. & BETAT, T., *Metade dos recursos para prevenção e resposta aos desastres foram aplicados*, Contas Abertas, out. 2013. Disponível em: <http://www.contasabertas.com.br/website/arquivos/6773>. Acesso em: 9 de Junho de 2014.

MINISTÉRIO DA SAÚDE, SECRETARIA DE ATENÇÃO À SAÚDE E DEPARTAMENTO DE ATENÇÃO BÁSICA, *Guia de recomendações para o uso de fluoretos no Brasil, Série A., Normas e Manuais Técnicos*, Brasília, DF, 2009. Disponível em: <http://cfo.org.br/wp-content/uploads/2010/02/livro_guia_fluoretos.pdf>. Acesso em: 25 de Julho de 2014.

MIOTTO, K., *Recifes de corais já sofrem com mudanças no clima: Caminho para evitar que 95% dos corais do mundo desapareçam até o fim deste século passa por ações globais e locais*, Exame.com, mai. 2012. Disponível em: <http://exame.abril.com.br/mundo/noticias/recifes-de-corais-ja-sofrem-com-mudancas-climaticas>. Acesso em: 12 de Agosto de 2014.

MONTAGNER, C. C., UMBUZEIRO, G. A., PASQUINI, C. & JARDIM, W. F., *Caffeine as an indicator of estrogenic activity in source water*, Journal of Environmental Monitoring, Publishing: Journal, books and databases, mai. 2014. Disponível em: <http://pubs.rsc.org/En/content/articlelanding/2014/em/c4em00058g/unauth#!divAbstract>. Acesso em: 6 de Junho de 2014.

*Moving beyond business as usual: a need for a step change in water risk management*, CDP Global Water Report, 2013. Disponível em: <https://www.cdp.net/CDPResults/CDP-Global-Water-Report-2013.pdf>. Acesso em: 19 de Junho de 2014.

PÁDUA, Valter Lúcio (coord.), *Remoção de microrganismos emergentes e microcontaminantes orgânicos no tratamento de água para consumo humano*, in: Prosab – Programa de pesquisa e saneamento básico, Belo Horizonte, MG, Editora ABES, 2009. Disponível em: <http://www.finep.gov.br/prosab/livros/prosab5_tema%201.pdf>. Acesso em: 21 de Julho de 2014.

PALMA, Danielly Cristina de Andrade, *Agrotóxicos em leite humano de mães residentes em Lucas do Rio Verde – MT*. Dissertação apresentada ao Programa de Pós-Graduação em Saúde Coletiva para a obtenção do título de Mestre em Saúde Coletiva. Instituto de Saúde Coletiva, Universidade Federal do Mato Grosso, Cuiabá, 2011. Disponível em: <http://www.ufmt.br/ppgsc/arquivos/857ae0a5ab2be9135cd279c8ad4d4e61.pdf>. Acesso em: 24 de Julho de 2014.

PASTERNAK, S. & BÓGUS, L., *Urbanização, meio ambiente e saúde em São Paulo,* Revista de Meio Ambiente, Saúde e Sustentabilidade, v. 6, n. 2 artigo, ago. 2011. Disponível em: <http://www3.sp.senac.br/hotsites/blogs/InterfacEHS/wpcontent/uploads/2013/08/4_ARTIGO_vol6n2.pdf>. Acesso em: 11 de Agosto de 2014.

*Perdas de água: Entraves ao avanço do saneamento básico e riscos de agravamento à escassez hídrica no Brasil,* Trata Brasil. Disponível em: <http://www.tra-

tabrasil.org.br/datafiles/uploads/perdas-de-agua/book.pdf>. Acesso em: 29 de Agosto de 2014.

PERFIL DOS MUNICÍPIOS BRASILEIROS – 2013, Instituto Brasileiro de Geografia e Estatística. Disponível em: <http://www.ibge.gov.br/home/estatistica/economia/perfilmunic/2013/>. Acesso em: 29 de Julho de 2014.

PORTARIA DE INSTAURAÇÃO DE INQUÉRITO CIVIL, MINISTÉRIO PÚBLICO DO ESTADO DE SÃO PAULO – PROMOTORIA DE JUSTIÇA DO PATRIMÔNIO PÚBLICO E SOCIAL São Paulo, 16 de abril de 2014. Disponível em: <https://www.pt.org.br/wp-content/uploads/2014/05/Portaria-deInstaura%C3%A7%C3%A3o-de-Inqu%C3%A9rito.pdf>. Acesso em: 31 de Julho de 2014.

RODRIGUES, A. & BRENHA, H., *São Paulo tem 2,1 milhões de pessoas sob racionamento*, Folha de S.Paulo, ago. 2014. Disponível em: <http://www1.folha.uol.com.br/cotidiano/2014/08/1498512-sao-paulo-tem-21-milhoes-de-pessoas-sob-racionamento.shtml>. Acesso em: 13 de Agosto de 2014.

SHULTE, P. (Research Associate), *Shared risk, shared interest: corporates and their role in sustainable water management*, Pacific Institute Insights, Oakland, California, jun. 2013. Disponível em: <http://pacinst.org/shared-risk-shared-interest-corporates-and-their-role-in-sustainable-water-management/>. Acesso em: 13 de Julho de 2014.

SCHULTE, P. & MORRISON, J., *Shared Water Challenges and Interests: The Case for Private Sector Engagement in Water Policy and Management – CEO Water Mandate WWF International Discussion Paper*, Pacific Institute, Oakland, California, jun. 2014. Disponível em: <http://ceowa-

termandate.org/files/private-sector-water-policy-engagement.pdf>. Acesso em: 13 de Julho de 2014.

*Sistema Cantareira recebe apenas 57% da chuva esperada em 7 meses*, Valor Econômico, ago. 2014. Disponível em: <http://www.valor.com.br/brasil/3636610/sistema-cantareira-recebe-apenas-57-da-chuva-esperada-em-7-meses#ixzz3GhxBDjs7>. Acesso em: 17 de Agosto de 2014.

SISTEMA DE ESTIMATIVA DE EMISSÃO DE GASES DE EFEITO ESTUFA, Observatório do Clima, 2014. Disponível em: <http://seeg.observatoriodoclima.eco.br/>. Acesso em: 27 de Julho de 2014.

*STATE OF THE WORLD'S CITIES 2012/2013: Prosperity of Citie,* United Nations Human Settlements Programme, 2012. Disponível em: <http://sustainabledevelopment.un.org/content/documents/745habitat.pdf>. Acesso em: 2 de Setembro de 2014.

STEVENS, C., WINTERBOTTOM, R., REYTAR, K. & SPRINGER, J., *Securing Rights, Combating Climate Change: How Strengthening Community Forest Rights Mitigates Climate Change*, WRI, jul. 2014. Disponível em: <http://www.wri.org/securingrights>. Acesso em: 11 de Agosto de 2014.

STRAUSS, B., *Rapid accumulation of committed sea-level rise from global warming,* Proceedings of the National Academy of Sciences of the United States of America, v. 110, n. 34. Disponível em: <http://www.pnas.org/content/110/34/13699>. Acesso em: 22 de Junho de 2014.

TAVARES, Viviane, *Portaria libera uso de agrotóxico proibido no Brasil,* Revista do Meio Ambiente. Fonte: Brasil de Fato. Disponível em:

<http://www.revistadomeioambiente.org.br/capa/286-portaria--libera-uso-de-agrotoxico-proibido-no-brasil>. Acesso em: 13 de Agosto de 2014.

*Tecnologia usada na irrigação reduz consumo de água: sistema de irrigação permite que agricultores produzam o ano inteiro mesmo com a seca,* Fonte: Ministério da Integração. Portal Brasil, dez. 2013. Disponível em: <http://www.brasil.gov.br/infraestrutura/2013/12/tecnologia-usada-na-irrigacao--reduz-consumo-de-agua>. Acesso em: 25 de Julho de 2014.

*The Brita Index – Highest Cost of Safe Water: Ukraine: A Ukrainian must work 57 hours to afford clean water for a year; a Luxembourger just two*, Bloomberg. Disponível em: <http://www.bloomberg.com/visual-data/best-and-worst/the-brita-index-highest-cost-of-safe-water-countries>. Acesso em: 24 de Agosto de 2014.

*The State of the worlds land and water resources for food and agriculture – Managing systems at risk*, First published with FAO by Earthscan, 2011. Disponível em: <http://www.fao.org/docrep/017/i1688e/i1688e.pdf>. Acesso em: 1° de Agosto de 2014.

TOMAZELA, J. M., *Plano ambiental exclui proteção do aquífero Guarani: ambientalistas afirmam que a permissão para o uso de agrotóxicos põe o aquífero em risco,* O Estado de S. Paulo, mar. 2014. Disponível em: <http://www.estadao.com.br/noticias/geral,plano-ambiental-exclui-protecao-ao-aquifero-guarani,1145040>. Acesso em: 28 de Julho de 2014.

*Trick of the light: The Amazon doesn't absorb extra carbono in the dry season after all. It can become a carbono source,* Nature International Weekly Journal of Science, fev. 2014. Disponível em: <http://www.nature.com/news/trick-of-the-light-1.14662 >. Acesso em: 6 de Junho de 2014.

TUNDISI, José Galizia. Água no Século XXI: enfrentando a escassez. São Carlos: RiMA, IIE, 2003.

UC DAVIS, *Drought impact study: California agriculture faces greatest water loss ever seen*, News and Information, jul. 2014. Disponível em: <http://www.news.ucdavis.edu/search/news_detail.lasso?id=10978>. Acesso em: 29 de Julho de 2014.

UN NEWS CENTER, *UN report examines link between hormone-disrupting chemicals and health problems*, fev. 2013. Disponível em: <http://www.un.org/apps/news/story.asp?NewsID=44168#.VANTBfldX17>. Acesso em: 30 de Maio de 2014

UN-WATER'S GOVERNANCE, UN-Water Annual Report 2013, set. 2014. Disponível em: <http://www.unwater.org/publications/publications-detail/en/c/243081>. Acesso em: 11 de Agosto de 2014.

VIEIRA, Paulo Rangel, *A teoria da agroartificialidade e o uso de agrotóxicos no Brasil: Uma releitura da tutela jurídica das águas subterrâneas,* Belo Horizonte, 2013. Dissertação apresentada ao programa de pós-graduação em Direito da Escola Superior Dom Helder Câmara como requisito parcial para obtenção do título de Mestre em Direito. Disponível em: <http://www.domhelder.edu.br/uploads/DissertaoPauloEngelVieira.pdf >. Acesso em: 11 de Junho de 2014.

*VITAL WATER GRAPHICS: An Overview of the State of the World's Fresh and Marine Waters*, 2 ed. Unep, 2008. Disponível em: <http://www.unep.org/dewa/vitalwater/article141.html>. Acesso em: 4 de Agosto de 2014.

VORMITTAG, E., RODRIGUES, C., MIRANDA, M., CAVALCANTE, J., COSTA, R., CAMARGO, C. & SALDIVA, P., *Os custos da (i)mobilidade nas regiões metropolitanas do Rio de Janeiro e São Paulo*, Sistema Firjan, Gerência de Competitividade Industrial e Investimentos, n.3, jul. 2014. Disponível em: <http://www.google.com.br/url?sa=t&rct=j&q=&esrc=s&source=web&cd=2&ved=0CCkQFjAB&url=http%3A%2F%2Fwww.firjan.org.br%2Flumis%2Fportal%2Ffile%2FfileDownload.jsp%3FfileId%3D2C908CEC475A6EB101477D08D09A7264&ei=gJNGVOfqNoTJggShnYCwCw&usg=AFQjCNGoiWH1CBDatoIf9at8QaJ8RBA8kg&sig2=IYhdzLDyuXYaIhmlHSU=-nQ&bvm=bv.77880786,d.eXY>. Acesso em: 14 de Outubro de 2014.

WAISSMAN, W. *Health suveillance and endocrine disruptors*, Cad. Saúde Pública, v. 18, n. 2, Rio de Janeiro, mar./abr. 2002, p. 511 a 517.

WOODRUFF, T. J, ZOTA, A. R & SCHWARTZ, J. M., *Environmental chemicals in pregnant women in the United States: NHANES 2003-2004*, US National Library of Medicine, National Isntitue of Health, in: Environ Health Perspect, Epub, jan. 2011. Disponível em: <http://www.ncbi.nlm.nih.gov/pubmed/21233055>. Acesso em: 14 de Julho de 2014.

*Water Scarcity & Climate Change: Growing risks for business & investors*, Ceres, fev. 2009. Disponível em: <http://www.ceres.org/resources/reports/water-scarcity-climate-change-risks-for-investors-2009/view>. Acesso em: 30 de Julho de 2014.

WWF GLOBAL, *Threat of pollution in the Yangtze*. Disponível em: <http://wwf.panda.org/about_our_earth/about_freshwater/freshwater_problems/river_decline/10_rivers_risk/yangtze/yangtze_threats/>. Acesso em: 14 de Junho de 2014.

WHITEMAN, G., HOPE, C. & WADHAMS, P., *Climate Science: Vast costs of Artic change*, Nature Journal, 2013. Disponível em: <http://www.nature.com/nature/journal/v499/n7459/pdf/499401a.pdf>. Acesso em: 10 de Agosto de 2014.

*Water Quality and Agriculture: Meeting the Policy Challenge*, Organisation for Economic Co-operation and Development (OECD), mar. 2012. Disponível em: <http://www.oecd.org/tad/sustainableagriculture/waterqualityandagriculturemeetingthepolicychallenge.htm>. Acesso em: 25 de Julho de 2014.

Este livro foi composto em
Bembo, Gobold e TradeGothic,
para a Editora Planeta do Brasil
em novembro de 2014